PENSANDO O LEITE
Volume II

ECONOMIA

FEALQ

2022

PENSANDO O LEITE
Volume II

ECONOMIA

ORGANIZADOR

ARTUR CHINELATO DE CAMARGO

Fotos da capa: Fotokostic e Dragunov by Depositphotos imagebank

Av. Centenário, 1080
13416-000. Piracicaba, SP, Brasil

Fone: 19-3417-6609
livros@fealq.org.br
www.fealq.org.br

Dados de Catalogação na Publicação
DIVISÃO DE BIBLIOTECA – DIBD/ESALQ/USP

Faria, Vidal Pedroso de, 1940-2020
Pensando o leite, v.2 : economia / Vidal Pedroso de Faria (*in memoriam*); organização de Artur Chinelato de Camargo. - - Piracicaba : FEALQ, 2022.
156 p.

ISBN: 978-65-89722-06-9

1. Bovinocultura leiteira 2. Indústria leiteira 3. Leite 4. Produção leiteira 5. Pecuária leiteira I. Camargo, A. C. de, org II. Titulo.

CDD 637.1

Elaborada por Maria Angela de Toledo Leme - CRB-8/3359

ISBN: 978-65-89722-06-9

SUMÁRIO

PENSANDO O LEITE - VOLUME II

CONSUMO E DEFESA DO LEITE

EM DEFESA DO LEITE

REVISTA BALDE BRANCO - Nº 348 - OUTUBRO DE 1993

O leite tem sido utilizado desde os primórdios da civilização e sua importância para a humanidade tem referência na própria Bíblia, que define a Terra Prometida como farta de leite e mel. É considerado um alimento de alto valor nutritivo, apresentando características insubstituíveis para a nutrição de crianças, jovens e idosos. Por ser natural, é rico em proteínas, energia, minerais e vitaminas e sua importância esta relacionada, principalmente, com o fato de conter aminoácidos essenciais, não sintetizados pelo organismo do homem, e cálcio e fósforo de fácil e pronta absorção.

Além de nutritivo, o leite pode ser usado para a fabricação de outros alimentos muito apreciados como queijos, manteiga, iogurte e serve de base para a produção de sorvetes, chocolates, balas, pudins e outras sobremesas. O setor leiteiro é também muito importante sob o ponto de vista social, pois reconhecidamente é gerador de empregos na roça e nas cidades, onde se constitui em matéria prima para várias atividades industriais. Na formação da renda bruta da agricultura tem sempre um grande destaque, ocupando os primeiros lugares.

Pelos motivos expostos, não seria admissível supor a existência de propaganda orquestrada contra o leite, seus subprodutos e, até mesmo, o setor leiteiro, mas infelizmente, teorias desconexas e com falsa base científica têm sido utilizadas na tentativa de substituir o leite por outros alimentos.

Técnicos da área de saúde e consumidores das mais diferentes posições socioeconômicas ficam impressionados com a retórica que o leite não deve ser usado por adultos e, até mesmo, por crianças, pois pode ser prejudicial por trazer malefícios como alergias, constipação intestinal, digestão difícil, irritação dos tecidos e órgãos, e provocar baixos teores de minerais no sangue.

Livros de grande tiragem no Brasil e no exterior dedicam capítulos inteiros para denegrir o leite e seus subprodutos, e atacam o setor produtivo por gerar um alimento prejudicial à saúde humana. Toda essa insensatez e ignorância pode se tornar um dogma difícil de ser quebrado, pois, na opinião de um dos promotores da campanha difamatória, "quando se conta uma mentira muito grande, em voz alta e muitas vezes, mais cedo ou mais tarde as pessoas acreditarão nela".

O movimento de desestímulo ao consumo de produtos lácteos está ganhando força na época em que o leite entra na economia de mercado e experiências vividas no mundo todo têm mostrado que a lei da oferta e da procura não pode ser revogada. Assim sendo, mais do que nunca o setor precisa reconhecer no consumidor o agente determinante não só do preço, mas também da absorção do produto. A procura favorece a expansão do mercado, ao passo que a rejeição concorre para o desmoronamento dos preços e cria dificuldades operacionais aos laticínios que serão obrigados a praticar estocagem em períodos de inflação crescente.

Falta de esclarecimento pode levar as pessoas a aceitarem ou não o falso como verdadeiro. Não existe preocupação de divulgar conceitos corretos sobre nutrição humana e dificilmente as campanhas promocionais fazem referências sobre a qualidade dos alimentos. Por esse motivo, o leite é atacado sem defesa, havendo na realidade certa apatia por parte dos ouvintes ou leitores que, se não aceitam os conceitos distorcidos, também não se preocupam em argumentar a favor ou denunciar o problema que a campanha pode trazer a um país que luta para exterminar a fome.

Em defesa do leite deve-se levantar também o produtor, que precisa adquirir consciência, produzir um produto de boa qualidade e, sobretudo, criar o hábito de promover o consumo em seu lar, entre seus amigos e na comunidade onde vive. Essa atitude sempre existiu nos países desenvolvidos onde frases, atitudes, demonstrações e propagandas procuram colocar o leite no seu verdadeiro lugar. Defender o leite significa na realidade garantir o mercado e assim criar mecanismos para o desenvolvimento de um setor leiteiro forte, competitivo e atuante. Assumir a luta é importante, porque não se pode tirar o leite das crianças.

E VOCÊ AINDA BEBE LEITE?

REVISTA BALDE BRANCO - Nº 393 - JULHO DE 1997

"Você ainda toma leite? Acontece que o consumo frequente de leite de vaca e seus derivados - iogurte, coalhada e principalmente queijos - está associado à asma, urticária, rinite alérgica e a alergias em geral, à artrite, inflamação intestinal, problemas renais, diabetes, insulino-dependência, à linfoma não Hodgkin e ao câncer, especialmente de pâncreas, dos pulmões e ovários. A questão é a proteína do leite, dificílima de digerir, que sobrecarrega o sistema imunológico e a três por dois inflama amígdalas e adenoides, causa sinusite, catarro, resfriados constantes, gases e prisão de ventre. Para piorar,

essa proteína, destinada a construir chifres, pelo e rabo num animal de meia tonelada, chega a nossa mesa acompanhada de uma quantidade absurda de hormônios e antibióticos que as pobres vacas tomam para produzirem mais leite e não ficarem doentes. Já notou como as meninas de hoje desenvolvem seios mais cedo, menstruam logo e tem muito mais displasia mamária? Se você tem algum dos sintomas descritos acima, faça a prova dos nove: uma semana sem laticínios! Ah! Mas e o cálcio? De onde você vai tirar o cálcio para não ter osteoporose se não tomar leite nem comer queijo? Dos vegetais! Ora essa!"

O que vocês acabaram de ler não é ficção, pois se encontra inserido na '*Agenda Livro da Tribo*', bastante popular entre os universitários e secundaristas do país, de autoria de Sônia Hirsch. O mais grave é que as referências sobre o leite como alimento não estão restritas a folhetins, mas também aparecem em livros de grande circulação em todo o mundo. Anthony Robbins, um dos 'papas' da neurolinguística, também fez referências pouco recomendáveis sobre o leite e seus subprodutos em seu livro '*Poder sem Limites*', atribuindo ao leite problemas digestíveis graves, alergias e até mesmo deficiências de cálcio. Escreve absurdos como *''os fortes hormônios de crescimento no leite das vacas destinam-se a fazer um bezerro crescer de 40 kg ao nascer até 450 kg na maturidade física, dois anos mais tarde. Em comparação, uma criança humana nasce com cerca de 2,8 a 3,5 kg, atingindo a maturidade física de 46 a 90 kg, 21 anos mais tarde"*. Há uma grande controvérsia sobre o efeito que isso tem na população.

Com toda certeza, técnicos e cientistas que trabalham com nutrição humana tomariam toda essa baboseira como piada de mau gosto, mas os membros da cadeia produtiva do leite devem levar a sério e entender que existe no mundo uma campanha contra o leite e seus subprodutos. Em várias regiões evoluídas, o setor leiteiro estabeleceu campanhas publicitárias sobre a qualidade e o valor do leite como alimento para o homem, não só para combater a ação difamatória, como também para elevar o consumo, que mostrava sinais de declínio. Especialistas em 'marketing' no país têm sugerido que *"se os produtores de leite sempre reclamaram das dificuldades que caracterizam o negócio, daqui para frente irão à loucura"*.

A razão, segundo os analistas, é muito simples: uma parcela expressiva do mercado de lácteos está sendo gradativamente substituída pelo suco de laranja, cujo consumo está em ascensão, devido ao fato de se tornar um produto muito acessível para a população, sendo hoje encontrado em quase todos os lugares, inclusive na beira das estradas. Tal fato não deveria merecer uma atenção toda especial por parte da cadeia produtiva do leite, que vai caminhando para o terceiro milênio com problemas e dificuldades?

Repensar a oferta e a distribuição, sugerir mudanças de hábitos e usar dados científicos e corretos sobre o leite poderiam sem dúvida, ajudar o produtor a vender melhor e mais facilmente um produto difícil de produzir e insubstituível para a saúde desde os primórdios da civilização humana.

CONSUMO DE LEITE

REVISTA BALDE BRANCO - Nº 413 - MARÇO DE 1999

O leite tem sido considerado como um dos alimentos mais importantes para a humanidade, por ser rico em energia, fornecer proteína de alto valor biológico e ser rico em cálcio e vitamina A. É apontado como um complemento alimentar insubstituível para a dieta de crianças e idosos, por apresentar princípios nutritivos de boa digestibilidade e absorção. Trata-se de um alimento bastante palatável e é usado para a confecção de vários produtos apreciados pelo homem como queijos, sorvetes, doces, iogurtes, etc. Constitui-se, também, em complemento importante para a culinária de alguns países como a França, que utiliza leite, creme de leite e outros produtos lácteos para a elaboração de pratos considerados inigualáveis.

Nas regiões desenvolvidas, a disponibilidade e o consumo de leite e produtos lácteos são elevados. Entretanto, algumas tendências de redução foram observadas no passado por mudanças nos hábitos alimentares, propaganda contra produtos de origem animal e, algumas vezes, alterações no sabor devido a problemas na fonte produtora e no processamento. Apesar de tudo, o consumo continua alto e, por tradição, os povos desenvolvidos consideram o leite e os produtos lácteos como iguarias e imprescindíveis para uma dieta equilibrada.

No Brasil, por outro lado, verifica-se que a produção é pequena para a população existente. Estimativas indicam uma disponibilidade teórica de somente 135 litros por habitante por ano, quando se considera nesse cálculo os produtos importados. O país tem sido um ativo importador de lácteos, comprando leite em pó integral e desnatado, longa vida, queijos, manteiga e outros produtos. As crises periódicas de excesso são aparentes e provocadas por períodos de retração de consumo, produção desequilibrada no decorrer do ano e importações injustificadas para determinadas épocas. Como consequência da concentração da produção e da renda nas regiões Sudeste, Centro-Oeste e Sul, no Norte e

Nordeste a disponibilidade e o consumo de leite e derivados são muito baixos e comparáveis àqueles observados nos países muito pouco desenvolvidos dos continentes africano e asiático.

O baixo consumo médio de produtos lácteos no Brasil não pode ser atribuído somente à pequena produção, nem tampouco ao problema da intolerância ao leite, observada em grupos étnicos africanos, asiáticos e mediterrâneos. Estudos indicaram que uma grande parcela dessas populações apresenta dificuldade para a digestão da lactose por herança ou lesões intestinais, mas o problema é desconsiderado, como consequência da pequena ingestão de leite e subprodutos.

Sem dúvida, existem outros fatores determinantes do baixo consumo como a concentração de renda, pois é reconhecido que a compra de produtos de origem animal cresce com a elevação do poder aquisitivo. Estudos realizados no passado, na cidade de São Paulo, indicaram que as famílias que recebiam até 3,5 salários mínimos adquiriam somente 1,7% do leite disponível, apesar de representarem quase metade do universo pesquisado. A estabilidade econômica e a recuperação do poder de compra, após a implantação do Plano Real*, levaram a um aumento significativo no consumo de leite e seus derivados, principalmente iogurte, que passou a ser adquirido pelas classes mais pobres da população.

Indiscutivelmente, hábitos culturais também contribuem de maneira marcante para o baixo consumo. A maioria dos brasileiros bebe diariamente somente uma xícara de leite fervido, servido quente em mistura com café ou chocolate, o que representa a ingestão de 130 a 170 mililitros. Não existe o hábito de beber leite gelado sem açúcar, mas é muito interessante verificar o comportamento dos brasileiros em visita a países evoluídos, quando descobrem o sabor inigualável do leite pasteurizado. Num voo doméstico nos Estados Unidos, a aeromoça ficou intrigada quando a maioria dos participantes de um grupo de 48 produtores e técnicos solicitou leite com o lanche oferecido. Também para os produtos lácteos, os hábitos dos brasileiros levam à utilização como complemento para o café da manhã e ao consumo esporádico como sobremesas. Na culinária pouco se usa, a não ser para a confecção de pizzas, sanduíches e outros pratos que tem o queijo como base.

O estímulo ao consumo deveria ser parte integrante do setor leiteiro, não só pelo fato de contribuir para uma melhor nutrição dos brasileiros, mas também porque não existe sentido em produzir se não houver consumo. O crescimento e a estabilidade de preços no setor, antigas aspirações dos produtores, dependem,

* Plano Real - programa com o objetivo de controle da hiperinflação, estabilização e reformas econômicas, mais eficaz da história brasileira, sendo lançado em junho de 1994.

sempre, da colocação de produtos com preços compatíveis com a renda da população num mercado apto a crescer e se fortalecer com o tempo.

A IMAGEM DO LEITE

REVISTA BALDE BRANCO - Nº 436 - FEVEREIRO DE 2001

Em boa hora, de maneira muito adequada e oportuna, parece que o momento vivido no final do século XX, criou um ambiente propício para se propor algo diferente em relação ao leite. A divulgação insistente da necessidade de se estabelecer um esforço concentrado para uma atividade de 'marketing' institucional, visando aglutinar os segmentos do agronegócio em torno da promoção do produto e não de marcas, é uma ideia muito feliz, pois o objetivo será promover o crescimento e a estruturação do setor, associando sob uma mesma bandeira, os interesses convergentes dos componentes das cadeias de produção, transformação, comercialização, fornecedores de insumos e serviços.

Existe a proposição de incrementar a imagem de um produto alimentar insubstituível e de matéria prima para atividades industriais fora do campo da alimentação humana, com grande destaque na formação da renda bruta da agricultura nacional, sendo um dos setores mais importantes na absorção de mão de obra rural e urbana. Apesar de todas essas qualidades incontestáveis, o consumo de leite e produtos lácteos é muito baixo, mesmo considerando o incremento aparente apontado para a última década. O produtor, principalmente ele, deve reconhecer a importância da proposta, pois não adianta produzir para um mercado modesto, flutuante e de comportamento difícil de ser previsto, muitas vezes, incapaz de absorver pequenos incrementos que levam ao aparecimento repentino de excedentes teóricos ou reais.

O tema, 'consumo de leite', já foi comentado em artigos anteriores, onde se discutiu que o hábito de tomar uma pequena xícara de café com leite ou chocolate pela manhã, leva o brasileiro médio a consumir, quando muito, cerca de 150 mililitros do produto fluido por dia. O que chama a atenção é quando o consumo é zero, como ocorreu recentemente em um café da manhã de uma reunião de família composta por dez adultos e duas crianças. Houve ingestão de sucos de frutas, chá, café, refrigerantes, mas o leite ficou intocado. Uma observação nos hotéis brasileiros revela a mesma tendência na escolha dos alimentos oferecidos para a refeição matinal.

Fatos dessa natureza são facilmente detectáveis em outras situações, pois, durante as refeições, não existe tradição de consumo, como demonstra o fato de que em almoços oferecidos por cooperativas ou fazenda produtoras, o único líquido ausente na mesa farta é o leite, e qualquer solicitação leva ao constrangimento, por não estar disponível. É fato reconhecido que o consumo de produtos de origem animal depende do poder aquisitivo da população, mas esforços devem ser dirigidos no sentido de mudar a cultura dos brasileiros em relação ao consumo de lácteos, tirando-os da incomoda posição de produtos com características de supérfluo, ou seja, só são consumidos em condições especiais de preço ou conveniência, e não porque são importantes para uma dieta equilibrada.

Dentro da promoção, as propostas devem também fortalecer a imagem do leite como alimento e atividade econômica e social. Em programas matinais e vespertinos de televisão é muito frequente o depoimento de pessoas bem conceituadas no meio artístico, apresentando longas justificativas sobre a necessidade de eliminação do leite e derivados das dietas, por representarem riscos graves à saúde. Esses absurdos, que também aparecem em revistas, são assimilados por donas de casa e crianças, que na realidade são os formadores de opinião dentro das residências, e a repercussão não é pequena como pode se pensar, pois inúmeros são os questionamentos apresentados a quem trabalha no setor leiteiro e com nutrição humana e, surpreendentemente, acatados por alguns médicos. O fato não é novo, mas nunca houve um esforço institucional para combater as calúnias apresentadas contra o mais nobre de todos os alimentos.

A mídia também apresenta uma imagem negativa do setor, pois em novelas de grande audiência, já ocorreu a manifestação de que a atividade não seria viável, e, portanto, sem importância no meio rural. Atualmente, a produção leiteira está presente em uma novela que mostra uma fazenda utilizando animais não especializados, velhos e mal alimentados, instalações caindo aos pedaços e ordenha manual com bezerro ao pé. Como mostrado, tudo parece uma brincadeira, sem objetivos definidos. O pior da estória são o incentivo para o consumo de leite cru e a produção de queijo informal em condições deploráveis. Está sendo vendida uma imagem deturpada do produtor, pois os habitantes das grandes cidades e principais consumidores, não sabem como é uma produção racional de leite e derivados de qualidade e a necessidade de investimentos, esforços e empenho para o sucesso de uma atividade difícil e complexa, que merece reconhecimento e respeito.

UM FATO CURIOSO

REVISTA BALDE BRANCO - Nº 451 - MAIO DE 2002

Dentre os fatores que possibilitaram o crescimento e sedimentação da pecuária leiteira no mundo desenvolvido, a associação de produtores, indústrias, sociedade e governos para estimular o consumo de leite e derivados foi um dos mais significativos.

As fazendas visam explorar o produto dentro de conceitos econômicos e, por esse motivo, têm grande interesse em aumentar a produção e a venda. Os laticínios, com objetivos empresariais, almejam matéria prima abundante, de boa qualidade, para a obtenção de rendimento e garantia de venda de produtos superiores dentro do mercado competitivo. Os membros conscientes da sociedade promovem o consumo de um alimento de valor nutritivo incomparável para crianças e idosos, e os empresários do ramo da alimentação esperam contar com um ingrediente que entra em quase todas as receitas de pratos de grande aceitação e de sobremesas inigualáveis. Os governos sérios e preocupados com problemas de subnutrição devem dar prioridade ao leite e derivados para a complementação de dietas para crianças em qualquer fase do crescimento, criando programas que facilitem a obtenção dos produtos pela comunidade.

Na entrada do século XXI, alguns membros bem intencionados ligados ao setor lácteo brasileiro passaram a divulgar a necessidade de se estabelecer um 'marketing' institucional do leite, visando aos mesmos objetivos mencionados, colocando ênfase nas crianças por serem os grandes beneficiários do consumo e também porque serão os formadores de opinião das novas gerações. O trabalho é bem estruturado, dentro dos limites de apoio que conseguem, e merece ser divulgado e ampliado por todo o país, para que não se transforme em mais um acontecimento que poderá, no futuro, vir a se constituir num fato histórico com início e, muitas vezes, sem justificativa de ter se perdido no tempo.

Poucas pessoas ligadas ao setor lácteo ouviram falar que a Federação Paulista de Criadores de Bovinos propôs criar, em setembro de 1927, o 'Conselho do Leite' que deveria ser composto por criadores, industriais, técnicos ligados à atividade, professores e senhoras da sociedade, com o objetivo de *"promover a produção intensa do bom leite hygienico ou sanitário e propagar o seu uso como bebida e como alimento incomparável que é, despertando assim, entre nós, o hábito de cada pessoa tomar por dia, no mínimo, meio litro de leite, e ainda mais, o hábito de tomarem o queijo, a manteiga e o creme como alimentos e não como accessórios de refeições e sobremesas".*

Os produtores da época ficaram impressionados com os resultados conseguidos por um órgão similar criado em 1917 nos Estados Unidos que conseguira, em um ano de trabalho consciente, elevar em 33% o consumo de leite fluido. Deve-se mencionar que, em 1925, o americano médio já ingeria mais de 700 gramas de leite por dia, mas levantamentos nas escolas da Califórnia indicaram que 41% das 55 mil crianças pesquisadas não consumiam leite. O estudo americano revelou, para os políticos, que a distribuição de leite nas escolas promovia ganho de peso, poder físico, atividade mental, progresso escolar, resistência a enfermidades, sociabilidade, e as crianças que recebiam o alimento nobre terminavam a 8ª série dois anos mais cedo. Esse fato tinha um significado muito grande para a sociedade já que, considerando-se o custo de cada estudante nas escolas públicas, a economia era considerável e os benefícios sociais imensuráveis. Após as conclusões obtidas com o estudo, que durou oito anos, ecoou por todo o território americano a mensagem de que o leite gratuito aos escolares era tão necessário e benéfico quanto os livros.

O documento que divulgou a mensagem 75 anos atrás terminava dizendo que a Federação Paulista de Criadores de Bovinos receberia com muito prazer, em sua sede social, as sugestões e adesões de todas as pessoas que desejassem cooperar na organização do Conselho do Leite. Como não se tem notícia de que a proposta se transformou em realidade, pode-se imaginar que não recebeu nem sugestões, nem apoio e que a produção cresceu consideravelmente, mas com uma estrutura frágil, pouco organizada e com problemas crônicos. Como o desempenho das crianças que bebem leite na escola nunca foi avaliado, a sociedade continua pagando pelos males nem sempre visíveis, mas significativos, da subnutrição. Os governantes, não tendo ideia do que significa o leite para o país, consideram o setor uma atividade agrícola que não merece atenção especial, nem mesmo para promover o consumo em benefício da geração que poderia tornar o Brasil desenvolvido.

LEITE PARA MATAR A FOME

REVISTA BALDE BRANCO - Nº 460 - FEVEREIRO DE 2003

Matar a fome não significa simplesmente ter o que comer. Entre as propostas do governo que se inicia, o programa de disponibilizar alimentos para a população vem recebendo destaque e é considerado prioritário para desenvolvimento do bem estar de uma grande parte de brasileiros. Mas, ênfase deveria ser dada ao fato de que, mesmo comendo, é possível que exista nutrição inadequada, que leva a uma série de problemas sérios, identificados há muito tempo, tanto em países desenvolvidos como em desenvolvimento.

Estudos publicados na metade do século XX caracterizavam subnutrição como uma cadeia de eventos capaz de contribuir para condições inadequadas de vida, afetando também a possibilidade de se obter desenvolvimento econômico e social. Nutrição deficiente em adultos provoca fraqueza, fadiga, incapacidade de desenvolver bem o trabalho, falta de ambição, depressão, irritabilidade, instabilidade emocional, perda de resistência a enfermidades infectocontagiosas e, também, aumento dos acidentes de trabalho.

Existe consenso de que nutrição inadequada de crianças, associada à falta ou educação deficiente, é o grande entrave para o desenvolvimento de qualquer país. O desempenho escolar está relacionado não só com a qualidade do ensino, mas também com o fato de as crianças subnutridas apresentarem problemas de desenvolvimento mental, que pode afetá-las para o resto da vida. As mazelas podem ter início com a subnutrição do feto, que poderá afetar, se grave, o desenvolvimento físico e mental dos recém-nascidos e elevar a taxa de natimortos. Crianças que sobrevivem a períodos de subnutrição apresentam crescimento retardado, alterações no desenvolvimento da cabeça e do cérebro e, em certos casos, retardamento mental.

Deficiência severa de proteína no período infantil pode promover o aparecimento do Mal de Kwashiorkor, caracterizado por perda de apetite, apatia, alterações na pigmentação da pele e cabelos, crescimento físico e mental retardado, problemas digestivos e edema abdominal pronunciado. Geralmente, associada com falta de energia (conhecida como marasmo), minerais e vitaminas, provoca também anemia, cegueira, papo e possibilita efeitos deletérios de verminoses e diarreias, causando elevação na mortalidade infantil e os outros problemas já mencionados.

Considerando todos esses fatos é que, no programa Fome Zero*, o leite deve receber uma atenção toda especial, por ser considerado um alimento de valor nutritivo excepcional, insubstituível para a nutrição adequada de crianças e idosos. Em adição ao elevado valor calórico, o leite contém proteína de alta

* Fome Zero - programa do governo federal brasileiro criado em 2003 para o enfrentamento da fome e da miséria.

qualidade sendo também rico em minerais e vitaminas e, por isso, possibilita nutrição adequada. Por apresentar uma das melhores fontes de cálcio de elevada biodisponibilidade, o leite é considerado indispensável para crianças e adultos e o consumo diário de um litro fornece todo o cálcio necessário.

Sabe-se, hoje, que o leite também contém fatores nutricionais que beneficiam vários aspectos relacionados com a saúde humana como peptídeos bioativos, componentes importantes na gordura como CLA (Ácido Linoleico Conjugado), vitaminas, ácidos graxos essenciais ao organismo, Omega 3, etc. Acima de tudo, é uma fonte importantíssima de proteína de elevado valor biológico, sendo um líquido que contém proteína não dissolvida, mas, sim, na forma de micélio (caseína). Além de todas as qualidades mencionadas, o leite pode ser usado para produção de alimentos de grande aceitação como queijos, iogurtes, sorvetes e outros produtos doces e salgados, todos bastante apreciados por crianças e adultos.

Na época em que os países desenvolvidos ainda estavam em desenvolvimento, havia fome nutricional e todas as consequências já enunciadas. Estudos revelaram que a distribuição de leite nas escolas contribuiu para melhoria do crescimento, desempenho escolar, redução nas taxas de reprovação e economia para os governos por redução nos índices de doenças e aproveitamento escolar. Uma simples medida de complementação nutricional com um alimento de elevado valor nutritivo contribuiu para criar o alicerce sobre o qual foi possível promover o crescimento de várias nações.

Considerando a realidade sobre o leite e os fatos históricos, a proposta de combate à subnutrição não poderá deixar de lado programas de distribuição e incentivo ao consumo de leite, fato que beneficiaria também outra prioridade anunciada, que é a criação e manutenção de empregos, já que a atividade absorve grande contingente de mão de obra, além de contribuir para reduzir a migração de pessoas para os centros urbanos. Se o combate à subnutrição for deflagrado, e não a simples distribuição de alimentos, o setor leiteiro será beneficiado e terá de ser mais uma prioridade do governo que se inicia.

SINAL DE EVOLUÇÃO

REVISTA BALDE BRANCO - Nº 508 - FEVEREIRO DE 2007

O consumo de leite está relacionado com o desenvolvimento econômico, cultural e social, pois sociedades mais evoluídas são as que bebem mais leite, consomem mais queijos e uma infinidade de produtos lácteos, e apresentam uma indústria de laticínios desenvolvida e sofisticada para a produção de produtos variados e de boa qualidade.

Além disso, encontra-se também nessas regiões a utilização de compostos obtidos pelo fracionamento do leite numa infinidade de moléculas ou substâncias usadas para elaboração de remédios, produtos diversos e alimentos chamados funcionais. Por exemplo, a indústria de cosméticos descobriu as propriedades das proteínas lácteas para embelezamento e preservação dos cabelos, pele e unhas, e as utiliza na fabricação de sabonetes, xampus e cremes hidratantes. Este é um setor em expansão e pode abrir perspectivas para incrementar o uso do leite e também divulgar as qualidades de características desconhecidas do produto para um segmento industrial em franca expansão, que cuida da beleza e investe em propaganda de maneira contínua e intensa.

Outro setor também em expansão é o do fracionamento do leite para isolamento de minerais, proteínas e outros componentes para uso em suplementos alimentares, devido à grande digestibilidade dos compostos lácteos, sobressaindo-se o cálcio, que tem reconhecida importância no combate à osteoporose, um problema que se torna preocupante por causa dos hábitos de vida sedentária da atualidade.

É preciso lembrar que, durante o desenvolvimento das civilizações, os habitantes da região norte da Europa sempre tiveram contato próximo com vacas leiteiras, consumindo grandes quantidades de leite fresco e produtos lácteos que aprenderam a fazer em épocas muito remotas. Por esse motivo, apresentaram muito cedo capacidade de digestão de lactose na idade adulta, contrastando com o ocorrido com povos que habitavam regiões onde o consumo de leite de bovinos era inexistente, pequeno ou irregular.

Resultados de estudos recentes revelaram que a seleção natural ocorrida também na espécie humana favoreceu os indivíduos que, por mutação genética, adquiriram a capacidade de digerir lactose na idade adulta, passando a ser tolerantes ao leite com o avançar da idade. A mudança ocorreu há muito tempo nas populações que utilizavam produtos lácteos regularmente e em grande quantidade, como os povos nórdicos que habitavam regiões do sul da Noruega até a Áustria e da Holanda até a Ucrânia. Estudos genéticos indicaram que a mutação conferiu grande vantagem seletiva, permitindo que pessoas portadoras de tolerância ao leite deixassem dez vezes mais descendentes do que as não portadoras de genes para manter ativa a capacidade de digerir a lactose, pois 99% da população apresenta essa característica.

Pesquisando a ocorrência de mutações genéticas na África, os estudiosos descobriram que os povos pastores, que sempre mantiveram uma associação íntima com os bovinos, também apresentavam tolerância à lactose e adquiriram a capacidade em épocas remotas, gerando também maior número de descendentes. Por outro lado, populações que não apresentavam o hábito de consumo de lácteos, como índios americanos, tribos africanas, povos asiáticos e habitantes de áreas mediterrâneas da Europa, revelam grande concentração de indivíduos com características de intolerância ao leite e, por tradição, não mantiveram com a vaca leiteira uma relação de dependência. Os geneticistas que conduziram os estudos afirmaram que a mutação ocorrida para permitir o consumo de leite sem restrições com o avançar da idade foi uma das mais vigorosas assinaturas genéticas da seleção natural por que passou a humanidade em sua evolução ao longo de um grande período de tempo.

Deve-se também considerar que, na opinião de historiadores, o hábito de consumo de lácteos, como consequência da domesticação dos bovinos, foi o alicerce que possibilitou a sobrevivência do homem no clima inóspito do hemisfério norte, garantindo alimento, couro para vestuário e instrumentos de trabalho, e também força motriz importante para trabalhos e locomoção na época.

Além desses aspectos, o fato de o leite ser um complemento alimentar de qualidade inigualável pelo valor energético, protéico, mineral e vitamínico, criou possibilidade para o desenvolvimento não só físico, mas também mental, como mostram estudos feitos no início do século XX com crianças em idade escolar, caracterizando a importância do produto para a alimentação de jovens na fase de crescimento. Desde longa data, se sabe que a desnutrição, principalmente, a protéica, causa problemas no crescimento, na aprendizagem e até retardamento mental.

Reconhecer a importância da ingestão de leite para a evolução da sociedade brasileira certamente contribuiria para aumentar o consumo e, talvez, criar a consciência da importância da distribuição do mais nobre dos alimentos em escolas públicas, com programas que têm início, não são ampliados e, muitas vezes, são descontinuados.

UM FLUIDO INSALUBRE CHAMADO LEITE

REVISTA BALDE BRANCO - Nº 511 - MAIO DE 2007

Campanhas contra o consumo de leite não são novidade. Já foram comentadas em artigos anteriores, mas estão se tornado mais frequentes, e os absurdos ficam cada vez maiores e inverossímeis. O início da doutrinação começa sempre com a proposta de que o leite não é necessário, porque nenhum animal adulto se alimenta do líquido que se destina somente ao recém-nascido.

Essa argumentação, que ainda é divulgada pela mídia e comentada por pessoas que acreditam em dogmas sem comprovação científica, carece de fundamento porque, quando disponibilizado para animais adultos, é avidamente consumido, como acontece com caninos, felinos, bovinos, equinos, etc. O que na realidade acontece é que falta aos animais adultos oportunidade de encontrar à disposição o alimento palatável e nutritivo.

Em trabalhos científicos conduzidos no passado com vacas leiteiras, os animais foram induzidos a se alimentar com leite colocado em mamadeiras e a visão de bovinos adultos sugando avidamente o leite era, além de interessante, bastante pitoresca. Quem foi criado em fazendas leiteiras pode ter visto alguma vez, um boi de carro adulto, grande e chifrudo, que todas as vezes que encontrava uma vaca velha e dócil mamava com a sofreguidão de um bezerro. A cena é sempre engraçada, pois o animal assume uma postura inusitada para conseguir sugar as tetas cheias de leite, muitas vezes, se ajoelhando para mamar.

Causa espanto e indignação encontrar na mídia artigos, supostamente escritos por médicos, apresentando afirmações de que *"o leite é um fluido insalubre de animais doentes que contém uma gama ampla de substâncias perigosas e causadoras de doenças, e que tem efeito cumulativo prejudicial sobre todos que o consomem. Não é natural para seres humanos beber leite de vaca. O leite humano é para seres humanos. O leite de vaca é para bezerros. Você precisa tanto de leite de vaca quanto precisa de leite de rata, leite de égua ou leite de elefante. O leite é um fluido com alto teor de gordura, projetado para transformar um bezerrinho recém-nascido de 35 kg em uma vaca de 200"* (sic).

A argumentação inusitada continua relatando que *"todo leite de vaca contém*

59 hormônios ativos, vários alérgenos, gordura e colesterol. A maior parte do leite de vaca contém quantidades mensuráveis de herbicidas, pesticidas, dioxinas, até 52 antibióticos poderosos, sangue, pus, fezes, bactérias e vírus. O leite de vaca pode conter resíduos de tudo o que a vaca come, inclusive, restos radioativos de testes nucleares".

Outra afirmação descabida é que *"o leite pode, se considerado carne líquida por causa de seu alto conteúdo de proteína, em conjunto com outras proteínas, na verdade, tirar cálcio do corpo. Países que consomem dietas ricas em proteína (carne, leite e laticínios) têm as taxas mais altas de osteoporose".*

A longa lista de bobagens contém uma relação de problemas atribuídos ao leite, como câncer, doenças infecciosas, etc., mas uma pérola merece destaque, se referindo à caseína como *"um aglutinante poderoso, um polímero usado para fazer plásticos, e uma cola ótima para mobílias resistentes e para colar rótulos de cerveja. É um alérgeno poderoso, uma histamina que cria grande quantidade de muco".*

As considerações poderiam fazer parte de um texto cômico, considerando os fatos criados com grande imaginação, falta de fundamentação científica e uma dose elevada de radicalismo absurdo. Mas qual seria o objetivo para que o leite sofra tanta difamação? Certamente, a ignorância ocupa posição de destaque, mas deve-se também considerar má fé para induzir à doutrinação de que, na alimentação vegetariana, devem ser eliminados da dieta os produtos de origem animal.

Alguns textos justificam que os herbívoros crescem vigorosos sem o consumo de produtos de origem animal e que, por isso, a carne e o leite podem e devem ser eliminados. Não se menciona, entretanto, que esses animais são incapazes de digerir completamente os vegetais e que só sobrevivem porque possuem aparelhos digestivos complexos em que microrganismos se alimentam das plantas e se multiplicam rapidamente, e os herbívoros então se alimentam dos diminutos seres vivos, dos compostos orgânicos que elaboram, sendo capazes de transformar plantas em aminoácidos essenciais e outros produtos, típicos dos alimentos de origem animal.

A vaca leiteira, um animal herbívoro ruminante, vive em simbiose com microrganismos que fornecem ao animal proteínas, cuja composição em aminoácidos é muito semelhante à do leite. Todos os herbívoros se alimentam de produtos semelhantes aos de origem animal. O homem, por ser onívoro, não tem um aparelho digestivo especializado no consumo exclusivo de vegetais, como o elefante, a égua, a girafa, e tantos outros.

Desmentir afirmações caluniosas sobre o leite não deve ter como objetivo somente eliminar barreiras que possam reduzir seu consumo, mas também difundir conceitos corretos de nutrição para o bem estar da humanidade.

O LEITE DENEGRIDO

REVISTA BALDE BRANCO - Nº 518 - DEZEMBRO DE 2007

Uma série de desenhos mostrando piadas sobre leite adulterado está sendo difundida pela internet, revelando que a fraude detectada e intensamente divulgada pelos meios de comunicação teve repercussão ampla, afetando sem dúvida a imagem do leite, um alimento que sempre foi considerado de valor nutritivo incomparável e insubstituível na alimentação de crianças e idosos.

Insinuações sobre problemas para a saúde mostram, num desenho bem feito, o médico examinado a radiografia de um intestino com problemas, dizendo ao paciente que deveria parar de beber, e recebe a resposta de que agora só bebe leite. Outra charge mostra uma jovem morena bebendo leite no primeiro quadro e, no segundo, ela se transforma em loura, e o texto diz *"o Ministério da Saúde adverte que beber leite com água oxigenada pode fazer você demorar a entender essa piada"*. Uma empregada com um frasco de produto de limpeza na mão dizendo para a patroa que acabou a água sanitária recebe como resposta de que pode utilizar leite para a limpeza, porque o efeito é o mesmo.

Os desenhos bem feitos e sugestivos não pouparam nem os políticos que utilizaram bovinos para justificar o injustificável, pois em um deles, uma vaca malhada e chifruda diz que depois da boiada de Alagoas, da bezerra de Brasília e da fraude do leite, a reputação da categoria está abalada em todo o país.

Na imaginação dos piadistas, nem os produtores foram poupados, pois foram retratados promovendo adulteração no leite durante a ordenha, apesar de o problema levantado e amplamente debatido ter sido atribuído somente ao segmento industrial. Esse fato indica que a imagem de toda a cadeia produtiva foi afetada, criando uma reputação incompatível com a realidade do setor produtivo e industrial.

Condenar o todo pela exceção parece fazer parte da natureza humana e, por isso, existe a necessidade de revelar ao grande número de consumidores o que realmente é, e como funciona a atividade leiteira, mostrando que a maioria dos produtores e laticínios trabalha adotando princípios éticos. A urbanização da população brasileira fez com que a maioria dos consumidores não tenha a menor ideia do que acontece da ordenha até o processamento final do produto, desconhecendo que a entrada do leite no rol dos produtos exportados pelo Brasil, prova que qualidade também faz parte do setor lácteo, pois ninguém exporta o que não é adequado para o consumo.

Fraude é um crime praticado com objetivo econômico por indivíduos gananciosos e desprovidos de conceitos éticos, sendo identificada em vários produtos para o consumo humano. Adulterações detectadas em produtos como mel, doces e bebidas alcoólicas são comuns, mas nem todos têm repercussão, porque, muitas vezes, não se trata de alimentos essenciais, como no caso do leite. Agricultores podem ser prejudicados por adulterações em adubos, sais minerais, ingredientes para rações e remédios para animais.

O relato de adulterações em medicamentos importantes como antibióticos configura um crime hediondo, responsável pela morte de um grande número de pessoas, como já ocorreu na África com produtos fabricados clandestinamente na Suíça por indivíduos inescrupulosos. O problema é antigo, existindo relatos de adulteração de leite para consumo em 1850, na cidade de Londres na Inglaterra, fato que forçou a promulgação de leis para coibir práticas ilícitas, ocorrendo o mesmo problema em Boston, nos Estados Unidos, em 1856.

A vigilância sanitária também não foi poupada nas caricaturas, apesar de não ser possível condenar um segmento importante para o setor lácteo por fatos isolados. Considerando todas as deficiências de pessoal e dificuldades de apoio, os fiscais sempre tiveram um papel importante na modernização e melhoria da qualidade do leite e dos produtos derivados no Brasil, mas como resultado da repercussão do fato para a população que compra produtos lácteos nas cidades brasileiras, mais um setor foi maculado.

A configuração de ato criminoso em casos graves e o rigor na punição são as maneiras de reduzir a tentação de ganho ilegal e fácil com produtos alimentícios ou farmacêuticos. Atenas e Roma, em tempos remotos, tinham leis severas sobre a adulteração de alimentos. Em 1872, a legislação inglesa impunha multas pesadas pela primeira infração e, no caso de reincidência, seis meses de prisão em regime de trabalho forçado.

Se o consumidor tivesse certeza de que os fraudadores seriam exemplarmente punidos por atos conscientes e premeditados para tirar proveito em benefício próprio, certamente os casos como o do leite não seriam comentados por tanto tempo, nem promoveriam tanta desconfiança nos consumidores, pois fatos isolados serviriam de exemplo para poucos com coragem de enfrentar as punições. Como consequência, os agentes da cadeia produtiva que atuam dentro da lei não seriam denegridos como foram num episódio isolado em que párias da sociedade agem, mesmo sabendo que cometem delitos graves.

SABOR DE LEITE

REVISTA BALDE BRANCO - Nº 528 - OUTUBRO DE 2008

Quem viveu ou passeou na roça na época em que a ordenha era somente manual e teve oportunidade de tomar leite puro e quente ao pé da vaca, conheceu uma bebida diferente, peculiar e agradável, por ingerir um líquido espumoso que se obtém quando os jatos da ordenha são vigorosos. No passado distante, quando ainda se viajava de trem movido a vapor, era também possível encontrar nas pequenas estações de abastecimento de água e lenha, vacas prontas para fornecer leite aos viajantes, e sempre se formavam filas de pessoas que apreciavam o leite tirado na hora.

Mais recentemente, com a expansão das rodovias asfaltadas, surgiram as paradas de leite ao pé da vaca, que muito sucesso faz entre crianças e adultos, pois no local existem, além de animais, também queijos caseiros, manteigas, doces e guloseimas. Apesar do sucesso, poucas pessoas experimentam o sabor verdadeiro do leite fresco e quente pela tradição de sempre se adicionar açúcar, café, chocolate ou, algumas vezes, até conhaque, quando o tempo está frio. O gosto e o aroma, apesar de agradáveis, não podem ser caracterizados como típicos do produto ordenhado, por conter as substâncias flavorizantes.

O hábito antigo e arraigado de ferver o leite assim que chega às cozinhas, para evitar que fique azedo em tempo relativamente curto, ainda se mantém, mesmo quando não há necessidade. A prática passou a fazer parte do cotidiano, e produtos de melhor qualidade, como leites tipo A ou tipo B, também são, muitas vezes, fervidos, pois existem pessoas que se acostumaram e, por isso, preferem o sabor levemente caramelizado do produto superaquecido, não característico de leite de vaca.

Com o surgimento do leite longa vida, um produto esterilizado que se mantém à temperatura ambiente, a fervura nem sempre foi abandonada, até mesmo por fazer parte da tradição. O tipo longa vida ingerido sem fervura também não tem sabor característico do leite puro, devido ao aquecimento industrial, mas o fato nunca chamou a atenção, porque também recebe adição dos produtos que tradicionalmente são misturados ao leite.

As características de cheiro e gosto do leite podem ser alteradas por atividades relacionadas com o manejo das vacas leiteiras. Esse problema não é discutido em nosso meio porque raramente se toma leite puro, mas é percebido facilmente por pessoas que reconhecem o gosto característico do leite puro de boa qualidade. Sabor de oxidação pode ser percebido quando o leite entra em contato com recipientes de cobre, ferro ou exposição excessiva à luz, ou quando as vacas passam por problemas de deficiências nutricionais.

O gosto ligeiramente rançoso aparece quando ocorre quebra dos glóbulos de gordura por uso de bombas centrífugas ou furos nas tubulações para transporte de leite nos equipamentos de ordenha mecânica. Alimentos oferecidos aos bovinos, que apresentem cheiro forte, podem conferir ao leite sabores não característicos. Por esse motivo, surgem recomendações de fornecimento de forragens conservadas bem antes da hora da ordenha, ou logo em seguida, e é preciso tomar certos cuidados com polpa cítrica fresca ou outros subprodutos que tenham cheiro forte.

O sabor salgado pode aparecer como consequência de mastite ou leite obtido no final do ciclo de lactação; e sabor ácido, como resultado da ação de bactérias sobre os compostos orgânicos do leite. A exposição do leite ao ar em estábulos fechados, sem ventilação, pode promover o aparecimento do cheiro e gosto característicos do ambiente, fato identificado por estrangeiros que visitam o país e percebem o odor desagradável, quando a produção não é conduzida de maneira higiênica e cuidadosa.

O leite em pó, condensado ou fermentado para a produção de iogurtes, perde o sabor característico. O mesmo acontece quando é usado na confecção de doces, sorvetes ou na culinária, mas a presença sempre confere sabor inigualável, seja na forma integral, como manteiga ou proteína coagulada. O leite e seus subprodutos fazem parte dos ingredientes considerados essenciais para o preparo de alimentos finos.

Sabor e aroma característicos de leite só são notados quando o produto ingerido é de boa qualidade, pasteurizado, contendo teor normal de gordura e sólidos totais. Percebe-se gosto adocicado, odor suave e sabor muito agradável, quando ingerido gelado. Se a gordura é homogeneizada no produto integral para que fique incorporada ao líquido, na deglutição se sente uma sensação aveludada.

A única maneira de definir o sabor de leite puro, de boa qualidade, é dizer que tem sabor de leite, porque não existe nada tão agradável ou comparável. Se ocorrerem mudanças nos hábitos alimentares da população, cheiro e gosto serão variáveis importantes que poderão contribuir para o aumento do consumo, como ocorre na maioria dos países em que, por tradição, a ingestão de leite se faz sem adição de outros produtos, e as pessoas aprendem a apreciar o verdadeiro sabor de leite.

PREÇO ACESSÍVEL OU INJUSTO?

REVISTA BALDE BRANCO - Nº 538 - AGOSTO DE 2009

Mais uma vez, canais de televisão e jornais voltaram a destacar que o preço do leite ao consumidor teve aumento e, como sempre acontece, aparecem também depoimentos de donas de casa lamentando o fato e oferecendo receitas caseiras para preparar salgados, doces e bebidas sem a utilização do produto.

Esta é uma rotina que se repete desde a metade do século XX, quando o governo brasileiro, em 1945, passou a tabelar o preço de aquisição e venda do produto, visando fundamentalmente atender à expectativa do consumidor por preços supostamente compatíveis com o nível de renda da população. Durante os 46 anos de intervenção, as donas de casa acompanharam com grande interesse as intermináveis discussões que se estabeleciam entre produtores, indústrias e governo.

Para garantir o abastecimento, que periodicamente se mostrava deficiente, o poder público passou a ser grande importador, fato que tinha relevância no comércio internacional e ocupava a mídia, ora sob o ponto de vista do produtor e quase sempre sob o do consumidor, pois tinha relação com abastecimento. Com o longo período de exposição na mídia, o preço do leite ao consumidor passou a ser fato de destaque e de atenção, e criou a cultura do preço acessível, que permanece até hoje, favorecendo o aparecimento de notícia de destaque, principalmente nos telejornais.

Esta situação não é favorável ao setor leiteiro, pois o produto passa a ser uma espécie de vilão e é sempre motivo de críticas e reclamações, sem haver uma tentativa de caracterização de fatores que determinam elevação de preços ao consumidor. Na economia de mercado o preço do leite, como também de outros produtos agropecuários, são frequentemente determinados por fatos e fatores desvinculados da atividade produtiva e as oscilações são normais e características do modelo econômico prevalecente.

Numa época em que campanhas bem orquestradas contra o consumo de leite e derivados, apontados como alimentos desnecessários e até mesmo 'venenos mortais' em livros, revistas e TV, a insatisfação de ter havido elevação de preço pode ser um componente perigoso para estímulo ao abandono do leite como alimento. Deveria existir uma reação esclarecedora para a população sobre os fatores determinantes da elevação de preços no varejo e, ao mesmo tempo, um reforço na imagem do leite como alimento de qualidade inigualável e essencial para a humanidade.

Se para o consumidor o controle governamental criou a expectativa de preços baixos e acessíveis, fazendo com que em qualquer elevação fosse imediatamente discutida nos meios de comunicação, para o setor produtivo a política intervencionista inadequada introduziu a expectativa de preço injusto, motivo de reclamações e fonte de desânimo. No período de controle, as demandas por preço ao produtor eram confrontadas com as planilhas simuladas de custo, gerando então a cobrança por valores compatíveis com os números apresentados.

Como o casamento de interesses era difícil, e as planilhas, nada realistas, os produtores de leite viviam insatisfeitos, porque o governo se mostrava mais interessado em não permitir aumentos grandes ao consumidor, visto que o produto tinha participação efetiva no cálculo da inflação mais ou menos acelerada da época. Outro destaque era a variação sazonal determinando valores específicos para cota e extracota, num período em que os fazendeiros enfrentavam grandes dificuldades para produzir em determinadas épocas, porque adotavam práticas rudimentares de produção extrativa e desconheciam tecnologia de produção de suplementos volumosos.

O clima se encarregava de oferecer condições favoráveis para produção em 'excesso' nas águas, fato que desestabilizava o mercado devido à entrada de leite proveniente de sistemas extrativistas que só tinham possibilidade de contribuir efetivamente nesse período do ano. A discrepância de preços sempre foi motivo de controvérsia, revolta e desânimo e insatisfação no setor produtivo, que considerava a política orientada somente para as indústrias e o consumidor. Todos esses fatos criaram a mentalidade do preço injusto, ao qual são atribuídas todas as dificuldades para a produção de leite, mesmo com a entrada do mercado regulando o preço recebido pelo produtor e pago pelo consumidor.

O conceito arraigado de preço acessível ao consumidor e injusto ao produtor está, hoje, sedimentado tanto na população urbana como entre os produtores de leite, a ponto de pessoas totalmente desvinculadas da atividade, emitirem opiniões sobre o fato. Por força da constante exposição em meios de comunicação e da permanência nas intermináveis discussões e análises sobre o setor leiteiro, existe a certeza de que o preço é o grande obstáculo para evolução da pecuária leiteira, com a argumentação de que, sendo injusto, impede a adoção de tecnologia, impossibilita investimentos e pode, até mesmo, inviabilizar a atividade. Assim sendo, são desconsiderados pelos produtores aspectos importantes que efetivamente afetam a produção e, consequentemente, a economia do processo produtivo nas fazendas leiteiras do país.

CURA DE CÂNCER COM OU SEM LÁCTEOS

REVISTA BALDE BRANCO - Nº 539 - SETEMBRO DE 2009

Questionamentos frequentes sobre a cura do câncer de mama e próstata pela eliminação de alimentos lácteos da dieta, certamente têm como origem mensagens anônimas transmitidas pela internet, que descrevem situações vividas por pessoas que, em desespero, passaram a procurar formas alternativas de cura e, segundo relatos, encontraram. As mensagens são redigidas com intuito de dar veracidade ao fato e citam instituições ligadas à saúde pública de outros países, colocam junto aos nomes das pessoas envolvidas o título de cientista e descrevem o desenrolar da luta e a alternativa salvadora. A mensagem geralmente atinge um número grande de pessoas, nem todas aptas a elaborar uma análise crítica sobre o assunto, que passam, o que é mais preocupante, a revelar medo de um alimento criminoso.

Uma dessas investidas contra os lácteos relata que uma senhora sofreu cirurgia, fez quimioterapia e radioterapia e, quando estava a ponto de desistir, descobriu que os chineses são incapazes de tolerar o leite e, portanto, consomem pouco ou nada na forma fluída, nem subprodutos e alimentos preparados com lácteos. Deduziu, então, que aí estava a explicação para o fato de que as taxas de câncer de mama e próstata são consideravelmente mais baixas que as observadas em países onde o consumo de lácteos é alto.

A ideia é simplista, mas pode ser impactante quando a argumentação é abalizada pelo surpreendente desaparecimento total dos tumores seis semanas após a retirada de leite e alimentos lácteos da dieta. A justificativa para a cura seria o fato de que 70% da população mundial são intolerantes ao leite, o que indica que a natureza, sendo sábia, tenta avisar que se trata de um alimento inadequado e perigoso para a humanidade. Para completar o ataque, a pessoa que descobriu a cura do câncer faz uma proposição contundente ao afirmar que, sem dúvida, a relação entre os produtos lácteos e o câncer de mama é similar à que existe entre o tabaco e o câncer de pulmão.

O problema da intolerância ao leite está relacionado com o desenvolvimento da pecuária leiteira em épocas remotas, pois os povos nórdicos, que dependiam das vacas para sobrevivência numa condição de clima agressivo, historicamente sempre foram grandes produtores e consumidores, e entre eles a taxa de intolerância é muito baixa. O habito chinês de consumir pouco ou não consumir leite de vaca deve ser atribuído ao fato de não existir no passado, e mesmo no presente, boa disponibilidade do alimento. De acordo com a FAO (Organização das Nações Unidas para a Alimentação e a Agricultura), a China produziu em 1977 menos de um bilhão de litros para uma população colossal. Em épocas mais recentes, as importações e um grande esforço nacional para produzir e promover o consumo resultou em grande mudança nos hábitos alimentares e a China passou a ser o terceiro produtor mundial com cerca de 35,5 bilhões de litros, quantidade ainda muito pequena para a população existente. O chinês da atualidade aprecia alimentos lácteos e existe uma grande propaganda para estimular a utilização das inúmeras possibilidades oferecidas no varejo.

O mais interessante de toda essa história é que, na mídia, encontram-se informações que o consumo de cálcio do leite e seus subprodutos com baixo teor de gordura é reconhecido como fator favorável para redução dos riscos de câncer do cólon, que se constitui na terceira maior causa de mortes nos Estados Unidos, por auxiliar na redução do crescimento de células epiteliais e, portanto, de pólipos. Por esse motivo, o consumo de lácteos passou a ser estimulado na China, onde a ocorrência deste tipo de câncer é elevada entre as mulheres.

Fica assim caracterizada uma polêmica pró e contra o leite como agente causador ou benéfico para a solução de uma das mais temíveis doenças da humanidade. Entretanto, a divulgação maciça das forças que se aglutinam contra o consumo de produtos animais tem um poder de convencimento maior pela frequência com que são veiculadas na mídia eletrônica. Deve-se atentar para o fato de que a redação das mensagens é simples, despretensiosa e contundente, talvez procurando sensibilizar pessoas de todos os níveis culturais. Resta saber a quem interessa denegrir, com tal intensidade, o leite ou se o conceito faz parte de uma ideologia fundamentalista de pessoas que se aglutinam contra o uso de animais para a produção de alimentos.

Somente a ciência poderá revelar com propriedade o efeito de alimentos sobre doenças e distúrbios, e hoje, existe uma grande preocupação com os chamados alimentos ou nutrientes funcionais. O leite faz parte destes estudos, pois contem um número muito grande de moléculas que são estudadas e avaliadas, existindo, hoje, processos industriais para o desdobramento do leite em substancias utilizadas na indústria farmacêutica, de alimentos, de cosméticos, e também empregados em outros usos.

Observações de ocorrências de problemas ou soluções, sem auxilio de metodologia científica, não podem ser levadas a sério, porque muitas vezes, a observação correta conduz a uma conclusão errada, que não se repete quando é novamente testada.

AGRICULTURA INDUSTRIAL NA BERLINDA

REVISTA BALDE BRANCO - Nº 541 - NOVEMBRO DE 2009

A denominada agricultura industrial não é bem avaliada pelos defensores da agricultura orgânica, pelos vegetarianos, pelos defensores dos direitos dos animais, pelos simpatizantes de organizações de esquerda e, no Brasil, pelos que se auto proclamam 'movimentos sociais'.

Os defensores de uma forma mais artesanal de produção de alimentos são geralmente indivíduos urbanos, que se impressionam com livros e artigos revelando supostos malefícios dos conceitos empresariais para o meio ambiente, para a ética e para a saúde humana, pois o alimento disponível não seria seguro. Muitos aceitam os princípios proclamados como dogma de fé, sem estudar o assunto, por ficarem sensibilizados por filmes que mostram matança de animais para produção de carne, galinhas poedeiras em gaiolas ou bezerros criados longe da vaca, bem como de outras práticas comumente utilizadas nas fazendas produtivas.

Surgem, assim, recomendações de produção de alimentos sem adubação química, banimento de criação de animais confinados, reprodução natural em vez de inseminação artificial e eliminação de pesticidas usados para o controle de pragas e de doenças. Alimentos chamados transgênicos são considerados maléficos, perigosos e antinaturais, porque não foram criados pela natureza, mas sim pelo conhecimento cientifico. A proposta para uma agricultura moderna, porém, baseada em conceitos tradicionais e pouco intensificados, certamente atende às expectativas dos que são contra a atividade empresarial.

Deve existir entre agricultores profissionais que dependem da atividade para sobrevivência, formação de poupança e progresso de vida, um sentimento de perplexidade pelo fato de muitos dos que condenam seus métodos de trabalho, nunca terem se dedicado ao cultivo, nem criado animais domésticos. Por isso, não têm ideia das dificuldades, dos entraves e riscos envolvidos, nem como solucionar problemas inesperados que podem comprometer seriamente a economia do processo produtivo.

Mesmo assim, criticam a maneira como o agricultor trabalha e, com isso, sugerem que o agricultor industrial é irresponsável por não praticar agricultura sustentável, agredindo o meio ambiente, que é cruel por não tratar com humanidade seus animais, e inconsequente, por não se preocupar com a saúde de sua família e dos habitantes da cidade. Cogitam, então, ditar regras de conduta e ensinar a maneira de conduzir a atividade com métodos, considerados por eles, mais adequados.

A agricultura conduzida com fundamentos técnicos, objetivando maximizar o uso de recursos produtivos para viabilizar economicamente a atividade, não pode ser considerada nociva e taxada pejorativamente. Sob o ponto de vista da sustentabilidade, deve adotar práticas com fundamento científico visando à preservação dos recursos naturais porque a manutenção de produtividade é um pilar fundamental para a obtenção de resultados econômicos, e quem conhece tecnologia agrícola sabe disso.

Se as práticas de manejo para a exploração econômica dos animais não forem fundamentadas no conhecimento cientifico, os índices de produtividade e a qualidade do produto serão comprometidos, e assim a atividade não será capaz de garantir um resultado econômico compensador. Quem conhece o efeito do estresse sobre o desempenho dos animais domésticos entende que o resultado mostra como o animal se comporta na condição oferecida, em vez de se considerar a simples aparência dos sistemas de produção ou o desejo de ver os animais vivendo em condições naturais.

Argumenta-se que a agricultura industrial prevalece porque é mais fácil de ser conduzida, sem considerar os malefícios decorrentes do uso de práticas antinaturais ou nefastas. Entretanto, produzir alimento é mais complicado do que parece quando questões morais, filosóficas ou dogmas de fé são apresentados. As dificuldades são as mesmas em qualquer modelo de produção, já que é imprescindível nutrir a planta e o animal, combater doenças e pragas, contar com a sorte quando se depende da chuva para florescimento, frutificação e colheita.

O que diferencia as propostas é a maneira como o alimento é produzido, e não a qualidade dos alimentos, como atestam trabalhos de pesquisa conduzidos no mundo todo. De um lado, existem as restrições impostas por dogmas; do outro, a observância na aplicação de conceitos científicos desenvolvidos e testados por meio de trabalhos experimentais. Se o modelo permitir ao produtor auferir resultados econômicos satisfatórios, nada impede que seja adotado por quem pratica a atividade com conceitos empresariais. O que não tem sentido é proclamar, como acontece entre os detratores, que a agricultura não pode ter somente objetivo econômico.

O agricultor industrial não propõe normas de conduta ou práticas para os que defendem outro modelo de produção e não produz artigos, livros e filmes difamando o que é realizado. Deve-se entender que o fazendeiro empresarial tem uma razão bem definida para adotar um determinado conceito de produção.

A AMEAÇA DA IMPORTAÇÃO

REVISTA BALDE BRANCO - Nº 553 - NOVEMBRO DE 2010

De tempos em tempos, o setor leiteiro nacional se sente ameaçado pela importação de lácteos. A ocorrência concorre para desestabilizar o preço do leite pago aos produtores nacionais, que passam, então, a demandar medidas governamentais protecionistas para impedir a entrada de produtos de outros países.

Com a valorização do real aparecem dificuldades para a exportação do pequeno excedente nacional e os preços dos produtos brasileiros no mercado externo perdem competitividade, atraindo, dessa forma, o interesse das empresas processadoras locais por leite de outros países. Com a entrada de matéria prima do exterior, diminui a procura e, consequentemente, o preço pago ao produtor brasileiro.

Por ser complexo e estratégico, o setor é muito protegido no mundo, havendo países que impõem barreiras à importação, subsidiam de várias maneiras, garantem preço mínimo, e também, fazem intervenções para tornar o preço de exportação competitivo.

No período em que o setor era regulado, existia no país um preço mínimo e a importação era feita somente pelo governo em épocas de desabastecimento, mas mesmo naquela situação, ocorriam também reivindicações fortes para impedir a importação de produtos lácteos, com a mesma argumentação atual, mas as condições de mercado eram bem diferentes das de hoje em dia.

O movimento reivindicatório é justo e as entidades representativas dos produtores têm feito um trabalho sério e persistente para a defesa do setor produtivo, que se sente ameaçado por uma concorrência que, algumas vezes, pode ser desleal. Os órgãos governamentais devem considerar as solicitações apresentadas para a introdução de mecanismos de proteção porque a desestabilização de um setor com ciclo produtivo longo, como é o caso do leite, demandará tempo e recursos financeiros vultosos para recuperação.

Além desses aspectos, deve-se considerar que as empresas processadoras atuam dentro dos princípios de mercado e, se tiverem liberdades de opção e escolha, vão adquirir matéria prima onde está mais disponível, barata e de melhor qualidade. Dados recentemente publicados mostraram que, a partir de 2009, os preços médios pagos aos produtores do Brasil ficaram consistentemente mais elevados do que os praticados na Nova Zelândia e Argentina, como consequência da valorização do câmbio.

O problema da importação não é novo e cria apreensão no setor leiteiro nacional desde longa data. Medidas como barreiras não tarifárias são criadas, revertidas ou reformuladas porque o Brasil está inserido no mercado internacional, que é regulado por normas que devem ser respeitadas para que não surjam retaliações.

Assim sendo, essas medidas, tomadas isoladamente, não serão capazes de eliminar definitivamente a ameaça, a não ser que haja uma ruptura com o convencional e o setor passe a ser protegido por legislação especifica. Como essa possibilidade não tem sido cogitada se torna necessário repensar a estratégia de luta para fortalecimento interno do setor, fato que contribuiria para reduzir os impactos da importação sobre os preços pagos aos produtores.

É fato reconhecido que o consumo de lácteos por habitante sempre foi muito pequeno no Brasil, bem abaixo do que seria necessário para atender às recomendações para uma nutrição saudável. Por isso, o país consegue ter excedente mesmo com produção pequena em relação à população, pois a demanda é restrita e está estagnada num patamar pouco recomendável. Para se ter uma ideia real do significado desse fato, se o brasileiro médio consumisse mais 40 kg de leite por ano, que não seriam suficientes para atingir o nível recomendado, haveria, talvez, um déficit de 7 a 8 bilhões de litros. Com isso, para atender a população, o país seria importador e, nessas condições, o leite local, com certeza, não seria facilmente desvalorizado. Estímulo de consumo deveria ser um tema incluído nas reivindicações dos produtores para a defesa do leite nacional, como, por exemplo, lutar pela introdução obrigatória do leite na merenda escolar, fato que traria benefícios reais e mensuráveis para a população jovem, como comprovado em outros países.

A redução na carga tributária seria outro fator importante para estimular o consumo no país, porque se sabe que havendo elevação de renda aumenta o consumo de lácteos. A redução de preço tem um efeito similar ao da elevação de renda, porque com o mesmo dinheiro, é possível comprar mais de um mesmo produto. Não se divulga a magnitude do imposto que incide sobre os produtos lácteos e com que intensidade inibe o consumo.

Com o conhecimento, se torna possível estabelecer um movimento reivindicatório porque os produtos são considerados essenciais e insubstituíveis para a nutrição adequada de jovens e idosos, e o beneficio social da medida seria difícil de ser questionada. O movimento atual de restrição à importação procura atacar os efeitos do problema, mas seriam necessárias também medidas que cuidassem das causas.

FALTA DE NOTÍCIAS

REVISTA BALDE BRANCO - Nº 566 - DEZEMBRO DE 2011

O leite andou sumido das manchetes dos jornais e dos noticiários da TV no ano de 2011, a não ser por poucas notícias referentes à elevação na quantidade de lácteos importados, um fantasma que surge, desaparece e volta novamente, estimulado por taxa cambial e falta de competitividade no seu sentido mais amplo. A atividade é sempre desencorajada por ações das entidades representativas dos produtores e por medidas restritivas de órgãos governamentais, porque a maior oferta no mercado pode interferir nos preços pagos pelo produto. E por isso aparece nos noticiários.

O bom comportamento dos valores praticados nas principais regiões produtoras no correr do ano, até a primavera, certamente contribuiu para que o setor produtivo ficasse fora do foco das notícias. Dados referentes a preços do leite indicam que o valor deflacionado ficou acima do conseguido em 2010 e bem superior à média dos últimos 10 anos nas principais regiões produtoras.

Assim sendo, movimentos reivindicatórios por melhor remuneração, que ocupam, em épocas de crise, espaço na mídia, não apareceram em 2011. Em 2010, houve queda precoce e bastante acentuada nos preços a partir de maio, que se prolongou até o mês de agosto, fato inusitado para o período da seca, chamado entressafra, resultando em reclamações por um longo período.

No final do ano de 2011, notícias sobre a elevação dos preços da cesta básica, outro fantasma, associado ao monstro da inflação, que novamente ronda e apavora a sociedade brasileira, elegeram a carne, o pão, o café e o óleo de soja, como os vilões dos aumentos detectados nas pesquisas do DIEESE (Departamento Intersindical de Estatísticas e Estudos Socioeconômicos). Ficando fora da lista, o leite mais uma vez não participou das manchetes, apesar se ser integrante da citada cesta básica dos brasileiros.

No passado, na época da inflação galopante, os reajustes nos preços dos lácteos colocavam sempre o setor leiteiro em evidência, não só pela sua participação na composição da cesta básica, mas também pelo fato de que são reconhecidos como essenciais para a nutrição humana. Naquela época, o leite fazia parte do noticiário dos jornais, televisão e revistas, sempre como um dos principais vilões responsáveis pela alta da cesta básica e da inflação, e as reportagens geralmente mostravam donas de casa relatando a necessidade de reduzir a compra do alimento essencial para as crianças devido ao preço considerado 'exorbitante'.

Levando em conta as tendências inflacionárias e a opinião sombria dos analistas sobre o rumo da economia, é bem provável que o cenário futuro volte a colocar o leite de novo no noticiário, com comentários pouco favoráveis, desconsiderando elevações rápidas nos custos durante os períodos inflacionários. Assuntos que normalmente colocam o leite na mídia, sem uma imagem positiva, são comentários de protesto por parte dos produtores por recebimento de preços considerados baixos e reclamações das donas de casa quando ocorrem elevações nos preços ao consumidor.

Além disso, problemas como as fraudes detectadas no passado pela incorporação de soda ao leite e suspeitas de colocação de soro no leite fluido engrossam as notícias pouco favoráveis ao setor. Em paralelo, existe uma campanha bem orquestrada, na internet, televisão e outros órgãos de divulgação sobre supostos malefícios da ingestão de lácteos, com ênfase no aparecimento de doenças, além de algumas bobagens, como a defesa dos bezerros, que deveriam consumir, só eles, o leite produzido pelas vacas.

Por outro lado, parece ser uma constante a não divulgação de fatos enaltecendo o setor que produz matéria prima para elaboração de grande número de produtos bastante apreciados pela população e, sobretudo, alimentos considerados insubstituíveis para a nutrição adequada de crianças e pessoas idosas, e também adultos, que necessitam de alimentação balanceada. Também não é divulgado com frequência, o papel social do setor oferecendo empregos no campo e na cidade, e meio de sobrevivência para pequenos proprietários rurais, que, muitas vezes, dependem da produção de leite para a sobrevivência da família no meio rural.

A falta de organização do setor, com empresas compradoras focadas na captação, os produtores interessados em resolver seus problemas particulares em curto prazo e os fornecedores de insumos máquinas e equipamentos preocupados com vendas, coloca a produção de leite numa situação de anonimato perante a crescente população urbana do país. As tentativas de criação de entidades para divulgar o setor, enaltecer as virtudes dos lácteos como alimento e difundir uma imagem favorável do produto, nunca deram certo, por falta de estruturação da cadeia produtiva.

Quem visita países com tradição na produção de leite pode verificar que noticias positivas sobre o leite sempre fazem parte do noticiário, porque o setor é organizado e existem órgãos representativos poderosos, financiados pelos elos da cadeia produtiva para cuidar da imagem do leite como alimento e como atividade digna e importante do agronegócio.

QUESTIONAMENTOS SEM SENTIDO DEVEM SER REBATIDOS

REVISTA BALDE BRANCO - Nº 568 - FEVEREIRO DE 2012

Recentemente, uma consulta feita em voz baixa e reservada, revelou que um dos alimentos considerados mais importantes para a humanidade continua ameaçado por infâmias, que têm por objetivo denegrir sua imagem para que seja banido do consumo diário. A pergunta apresentada por uma senhora de meia-idade era relevante, porque dizia respeito à preocupação atual sobre fatores que desencadeiam a doença de Alzheimer*, e ela tivera conhecimento de que o

* Doença de Alzheimer - declínio adquirido, persistente, em múltiplos domínios das funções cognitivas e não cognitivas. O declínio das funções cognitivas é caracterizado pela dificuldade progressiva em reter memórias recentes, adquirir novos conhecimentos, fazer cálculos numéricos e julgamentos de valor, manter-se alerta, expressar-se na linguagem adequada, manter motivação, etc. Perder funções não cognitivas significa apresentar distúrbios de comportamento que vão da apatia ao isolamento e à agressividade. A causa da doença é desconhecida.

consumo de leite de vaca estava relacionado com o mal, que assusta por suas consequências e gravidade. A informação foi obtida em um longo artigo postado na internet e, como sempre acontece, escrito com um linguajar pseudocientífico, revelando nomes e lugares para conferir credibilidade ao assunto.

O impulso imediato de responder que tudo não passa de uma grande bobagem deve ser substituído por uma resposta mais consistente e baseada no argumento de que não se sabe ainda o que desencadeia tal doença, que os artigos escritos na internet não sofrem nenhuma análise crítica de especialistas e que somente artigos científicos, publicados em revistas especializadas, devem ser considerados, porque são revisados por cientistas renomados antes de serem publicados. A defesa do leite deve ser levada a sério porque a propaganda contrária é grande e se renova sempre.

Ao longo dos anos, a associação do leite com enfermidades que afligem e assustam as pessoas tem sido uma constante, apesar de cientificamente nada ter sido provado sobre as matérias publicadas na internet. Artigos postados com o objetivo de denegrir o alimento e promover o seu abandono são convincentes para quem não possui formação cientifica e fica realmente impressionado com os relatos de consumo de leite e casos de câncer, distúrbios hormonais graves, deficiências nutricionais, e outras tolices sem nenhum fundamento.

Em alguns relatos, consta que a interrupção no consumo de leite foi suficiente para eliminar enfermidades graves, inclusive câncer. Os problemas reais relacionados com o consumo de leite são bem conhecidos e estudados, e dizem respeito ao distúrbio da intolerância, promovido por incapacidade adquirida com o envelhecimento do organismo, de digerir no intestino o açúcar do leite, e aos casos de alergia à fração protéica do alimento, que pode ser grave em crianças recém-nascidas.

Assim sendo, deve-se retrucar com veemência a tentativa de relacionar o leite com outras enfermidades, principalmente, câncer, com a argumentação de que a ciência não reconhece os casos relatados na mídia eletrônica como conclusivos ou verdadeiros. São, na realidade, meras suposições apresentadas com boas ou más intenções, mas sempre desprovidas de realidade.

Dúvidas sobre o leite como alimento também foram externadas por uma jovem mãe que ficou muito preocupada com o que acabara de ler na caixa de leite longa vida: *"Aviso importante: este produto não deve ser usado para alimentar crianças, a não ser por indicação expressa de médico ou nutricionista. O aleitamento materno evita infecções e alergias e é recomendado até os dois anos de idade ou mais"*. Ao ler a mensagem, ela teve a certeza de que não deveria alimentar seu filho com leite de vaca porque o mesmo poderia desencadear infecções na criança e que só em casos excepcionais, sob orientação, poderia fazer uso do alimento. A dúvida, advinda da mensagem impressa, era se o mesmo problema existiria para o leite de cabra, pois a produção de leite materno era insuficiente, havendo, então, a necessidade de suplementação.

A informação, sem sentido lógico, não estava publicada na internet, onde é possível escrever qualquer coisa sem que haja consequências, mas era, sim, uma recomendação oficial de órgão governamental, com o objetivo de estimular o aleitamento materno, mas, que na realidade, pode levar à interpretação errada quando a frase é considerada ao pé da letra. Não existe uma justificativa racional para a mensagem, que deveria ser substituída pela afirmação de que o leite materno é muito importante para o bem estar da criança, que seu consumo deve ser sempre estimulado, e que na primeira fase da vida deve ser considerado importante.

Não existe no setor leiteiro a preocupação de refutar informações deturpadas sobre o leite como alimento perigoso e impróprio para o ser humano, nem sobre a má fama da atividade sob o ponto de vista econômico. O que se nota, é certa passividade frente à crescente campanha difamatória feita com o objetivo de sensibilizar as pessoas para interromper o consumo de leite e de produtos lácteos, fato que poderia trazer consequências indesejáveis para os produtores, com redução na compra e utilização de leite fluido.

Campanhas bem orientadas deveriam ser uma constante na mídia, e textos sem autor reconhecido e sem referências bibliográficas de periódicos científicos teriam de ser refutados de maneira incisiva. Também programas de televisão de grande audiência que veiculam, algumas vezes, informações deturpadas e inverídicas sobre o leite devem ser questionados para que seja possível manter uma atividade economicamente viável no campo e adequada à nutrição de jovens e idosos.

LEITE ADULTERADO

REVISTA BALDE BRANCO - Nº 584 - JUNHO DE 2013

Uma vez mais, o leite é destaque na mídia por conta da adição de produto químico a um alimento considerado importante e insubstituível na alimentação de crianças e idosos, pelo alto valor nutritivo.

Quando a fraude é caracterizada em uma determinada região, todo o leite comercializado no país se torna suspeito, como indicam indagações de donas de casa, preocupadas com o bem estar da família. Nem os produtores são poupados, apesar de o problema ter sido atribuído somente ao segmento de coleta e transporte do produto para os laticínios.

Com isso, mesmo sendo um fato isolado, toda a cadeia produtiva, de certa forma, é afetada, pois condenar o todo pela exceção parece fazer parte da natureza humana. Seria recomendável que se divulgasse aos consumidores dos grandes centros urbanos o que realmente é, e como funciona a atividade leiteira, e que a maioria dos produtores e laticínios trabalha com seriedade, adotando princípios éticos para a produção de um alimento saudável.

A adulteração de alimentos por fraude é um crime praticado com objetivo econômico por indivíduos gananciosos, desprovidos de ética, e pode ser constatado em vários produtos para consumo humano.

O problema da fraude no leite é antigo, existindo relatos históricos de adulteração em Atenas e Roma, e também na época da Revolução Industrial, quando foi realmente iniciada a comercialização do leite em grande escala nas cidades europeias e dos Estados Unidos. Há cinquenta e poucos anos, levantamentos feitos na cidade do Rio de Janeiro, então capital da República, indicavam que cerca de 20% do leite comercializado cru era inadequado por ser adulterado.

Com certa frequência, se encontra em nosso meio, adulterações no mel, doces e bebidas alcoólicas, mas esses casos não têm grande repercussão porque não são alimentos considerados essenciais, como é o caso do leite. Além disso, fraudes podem atingir também os produtores de leite ao serem prejudicados por adulterações em adubos, sais minerais, ingredientes para rações e remédios para os animais.

O relato de fraudes em medicamentos importantes para a humanidade, como antibióticos, configura um crime hediondo, responsável pela morte de um grande número de pessoas na África, com produtos fabricados clandestinamente na Suíça por indivíduos inescrupulosos, que também atuam com menor intensidade em outras regiões do globo terrestre.

Em 2007, os meios de comunicação divulgaram com grande ênfase a colocação de água oxigenada e soda cáustica visando à conservação do leite por um período maior, causando comoção entre consumidores pela intensidade com que os meios de comunicação trataram do assunto.

A mídia não divulgou, mas outros conservantes, como antibióticos vencidos, foram utilizados em leite cru vendido nas ruas de pequenas cidades do interior, fraude detectada pela incapacidade de azedar o leite para confecção de coalhada. O acontecido ficou restrito ao local, porque os fraudadores eram pessoas importantes na comunidade.

A mais recente fraude do leite registrada no Rio Grande do Sul tinha como objetivo mascarar a adição de água ao leite pela colocação de ureia, produto comumente encontrado em pequenas quantidades no leite e de difícil detecção pelos laticínios, por não existirem testes rápidos. Adição de água é a fraude mais comum e antiga porque o produto é vendido por volume e, no caso detectado, existe a estimativa de ganhos de 10% na comercialização de 100.000.000 de litros, possibilitando ganhos fáceis e substanciosos. Relatos da investigação revelaram que a fórmula para a adulteração era vendida por R$ 10.000,00*, indicando que pessoas com conhecimentos de química, também participavam, possibilitando ganhos aos transportadores.

Se no país houvesse rigor na punição e configuração de ato criminoso em casos graves, poderia haver redução nas tentativas de ganho ilegal e fácil com produtos alimentícios como o leite, ou farmacêuticos como os antibióticos. Atenas e Roma, em tempos remotos, tinham leis muito severas sobre a adulteração de alimentos. Em 1872, a legislação inglesa impunha multas pesadas pela primeira fraude no leite e, no caso de reincidência, seis meses de prisão em regime de trabalho forçado.

Se houvesse certeza de que fraudadores seriam exemplarmente punidos por atos conscientes e premeditados para tirar proveito em benefício próprio, certamente os casos como o do leite não seriam comentados por tanto tempo, nem promoveriam tanta desconfiança nos consumidores. Além disso, os casos isolados, severamente punidos, serviriam de exemplo para poucos com coragem de enfrentar as consequências dos atos.

Dessa maneira, os agentes da cadeia produtiva que agem dentro da lei não seriam denegridos em episódios isolados em que párias da sociedade atuam, mesmo sabendo que cometem delitos graves que podem comprometer a saúde da população.

* Dólar em 01.06.2013 cotado a R$ 2,1349.

DISPONIBILIDADE DO LEITE DE VACA

REVISTA BALDE BRANCO - Nº 591 - JANEIRO DE 2014

O consumo de produtos lácteos começou com a domesticação dos bovinos, pois se admite, com base em estudos do período neolítico, que esses animais não eram criados pelo homem primitivo para a produção de carne, mas, sim, para trabalho e fornecimento de leite. Nas regiões nórdicas da Europa existe longa tradição no uso do alimento por seu valor nutritivo, sabor agradável e possibilidade de utilização para culinária e produção de queijos e manteiga.

Para os habitantes das regiões tradicionais em produção de leite, onde o consumo de alimentos lácteos sempre foi alto, a incidência de intolerância à lactose sempre foi muito baixa, mas nos originários da região Mediterrânea, o índice é alto, como também ocorre entre os africanos, asiáticos e índios americanos, que tradicionalmente nunca foram produtores importantes nem tinham tradição de consumo.

Apesar desse tipo de intolerância em algumas populações, a procura de leite e produtos lácteos faz parte, hoje, das aspirações dos habitantes de todas as regiões do mundo. A elevação da produção e do consumo na China e nos países africanos justifica a proposição de que havendo disponibilidade e recursos financeiros, o homem procura o leite como alimento de alto valor nutritivo.

A propaganda contrária à ingestão de leite por adultos, baseada na proposição de que na natureza somente os recém-nascidos consomem o produto não tem fundamento, porque havendo disponibilidade, todos os animais, independentemente da idade, ingerem avidamente o saboroso líquido.

De acordo com dados da FAO (Organização das Nações Unidas para a Alimentação e a Agricultura) de 2011, existe um grande déficit de leite no mundo, pois, considerando o volume produzido por todas as espécies, a disponibilidade teórica, segundo o mais recente levantamento, é de somente 106 litros por habitante, valor muito abaixo do que se considera adequado para o consumo humano.

Do total de leite disponível, 83% são produzidos pelos bovinos, o que mostra a importância da espécie para a oferta do produto no mundo; 13% pelos bubalinos; 2,3% pelos ovinos; 1,3% pelos caprinos, e somente 0,3% por camelídios, principalmente na região norte da África. A quantidade de leite de éguas e jumentas, que é utilizada em determinadas regiões da Ásia, não foi relacionada nos dados publicados.

Calcula-se que 97% do leite de búfala do mundo foi produzido e consumido na Ásia, e que somente a Índia e o Paquistão foram responsáveis por 92%, sendo, então, uma atividade bastante restrita a uma região. O mesmo ocorre com o leite de cabras e de ovelhas, porque 82% e 68% do total foram produzidos na África e na Ásia, respectivamente.

A disponibilidade de leite de vaca no mundo é de somente 88 litros por habitante por ano, existindo grande disparidade nesta oferta, porque nas áreas desenvolvidas sob o ponto de vista da economia e da agricultura (União Europeia e America do Norte), com tradição antiga em produção de leite, a quantidade produzida por habitante está acima de 280 litros por ano.

Na África, a disponibilidade é de 93 litros; na Ásia, 40 litros, e na América Central, sem tradição em pecuária leiteira, de somente 90 litros. Na América do Sul, a produção por habitante é de 165 litros por ano. Na Nova Zelândia e a Austrália, uma região especifica do Pacífico com produção tecnificada e pequena população, a disponibilidade salta para 1.009 litros por ano, o que justifica a vocação exportadora de lácteos para o mundo.

Quando se considera o panorama nos maiores produtores de leite de vaca, o destaque é da França, com 372 litros por habitante por ano, seguida da Alemanha, com 370; dos Estados Unidos, com 285; da Rússia, com 215; do Brasil, com 162; da Índia, com 47, e da China, com somente 27, apesar do grande esforço feito em produção, anulado pela imensa população, o que faz com que o país se torne um grande importador por conta do estimulo ao consumo e da mudança nos hábitos alimentares, com destaque para os lácteos.

Na América Latina, o pequenino Uruguai exibe uma produção elevada para a população, o que resulta em 607 litros por habitante por ano, fato que justifica as exportações; na Argentina, a disponibilidade de 275 litros também possibilita vendas para o exterior. Na Venezuela e no México, tradicionais importadores, a quantidade de leite por habitante por ano não chega a 90 litros, enquanto em Cuba, país com sérias dificuldades em produção agrícola, somente 53 litros.

Uma maior disponibilidade teórica de leite produzido por habitante por ano possibilitaria ao Brasil se credenciar como exportador, como é o caso da Nova Zelândia, com 4.061 litros; da Holanda, com 696 litros, ou da pequena Dinamarca, com 876 litros. Além disso, se tornaria possível estabelecer critérios mais rigorosos de qualidade para a compra interna, sem riscos de desabastecimento, e também, redução no custo de coleta de leite de melhor qualidade, por não haver necessidade de compra em regiões distantes que adotam sistemas extrativistas. A elevação da produtividade dos rebanhos brasileiros para a produção de pelo menos 50 bilhões de litros por ano, daria ao país a oportunidade de se tornar um importante produtor e, talvez, exportador para um mundo com pequena disponibilidade de leite.

POR QUE O HOMEM BEBE LEITE?

REVISTA BALDE BRANCO - Nº 594 - ABRIL DE 2014

Existe um movimento bem organizado que tenta demonstrar que o ser humano não deveria consumir leite. A principal razão apresentada é a de que somos o único mamífero que faz uso do alimento na idade adulta. Associam o leite a doenças graves e dizem que os bezerrinhos ficam prejudicados, pois recebem quantidades restritas na amamentação ou, então, sucedâneos.

Citam ainda que as vacas viveriam 25 anos se não produzissem leite, mas, por conta da atividade são abatidas com cinco ou seis anos, fato incompatível com o 'sagrado direito dos animais'. Além disso, mencionam que a produção de metano é muito grande nas fazendas leiteiras e que, por este e os demais fatos citados, a produção de leite deveria ser banida.

Se a inadequação do uso do leite como alimento fosse real, seria o caso de se especular porque o homem primitivo domesticou o bovino cerca de 10.000 anos atrás e logo iniciou a extração de leite, como afirmam pesquisadores do continente europeu que estudam as condições de vida em épocas remotas, quando os humanos deixaram de ser nômades e se estabeleceram em comunidades agrícolas. Existem alguns, que até sugerem que a principal razão da domesticação foi a produção de leite.

É vasto o conhecimento sobre a origem e o desenvolvimento da pecuária leiteira, e pesquisas interdisciplinares envolvendo arqueólogos, químicos e geneticistas possibilitaram esclarecer um fato intrigante sobre o consumo de leite pelo ser humano. Admite-se que a intolerância à lactose, que atualmente afeta 65% da população adulta do mundo, existia no homem primitivo e, assim, a ingestão seria muito desagradável pelo desconforto provocado por dores abdominais e diarreia intensa. Entretanto, estudos arqueológicos e químicos revelaram que os criadores de bovinos primitivos aprenderam muito cedo a reduzir a lactose para níveis toleráveis, por meio de fermentação, produzindo iogurte e queijo. A descoberta de cerâmicas produzidas 8.500 anos atrás, que apresentavam pequenos furos e possuíam resíduos de gordura de leite, mostrou que o homem primitivo, usando o artefato, conseguia drenar o soro depois da coagulação. Esta foi considerada a mais antiga evidência da fabricação de queijo e uma indicação de que o leite fazia parte da dieta do homem primitivo, sem provocar os efeitos desagradáveis.

Descobertas científicas indicam que uma mutação genética ocorrida 7.500 anos atrás nas planícies férteis da Europa Central conferiu ao homem a habilidade de digerir lactose na idade adulta, mas a disseminação do gene não foi rápida, pois este foi detectado somente em amostras do homem primitivo de 6.500 anos atrás na Alemanha. Entretanto, os movimentos migratórios dos agricultores em direção ao norte do continente possibilitaram a difusão dessa característica, provavelmente, porque pessoas com a habilidade apresentavam vantagens como, por exemplo, a produção de descendentes mais férteis, de acordo com os estudos publicados.

O homem passou então a contar com uma nova fonte de alimento de alto valor nutritivo que podia ser utilizada sem restrições. Assim, os produtos lácteos podiam ser armazenados para garantir a sobrevivência nos invernos longos e rigorosos, e a vaca se constituía num depósito vivo de alimento fornecendo leite e, se necessário, era abatida para fornecimento de carne.

Alguns pesquisadores sugerem que os produtores do norte da Europa foram beneficiados pelo fato de o leite ser um alimento rico em vitamina D, um nutriente fundamental para os habitantes do hemisfério norte durante o inverno. As populações apresentando o gene mutante foram as que se estabeleceram nas regiões nórdicas e nas ilhas britânicas e, atualmente, 90% possuem a habilidade de digerir lactose na idade adulta. Sabe-se que a mutação também ocorreu isoladamente no oeste da África, Oriente Médio e sul da Ásia, regiões em que a pecuária leiteira não teve grande expansão.

A associação do homem com a vaca foi também muito importante para a conquista e colonização da América do Norte, pois os imigrantes enfrentaram sérias dificuldades no primeiro inverno, quando ocorreu grande mortalidade por carência alimentar. As lideranças do movimento migratório decidiram, então, que todos os colonos vindos da Europa deveriam obrigatoriamente trazer vacas, e a medida se mostrou muito efetiva, contribuindo não só para o estabelecimento, mas também para a conquista do oeste, pois se sabia da importância da vaca, do leite e dos subprodutos para a sobrevivência nas longas marchas e nas comunidades.

O consumo de leite contribuiu para o estabelecimento do homem em regiões inóspitas do hemisfério norte, e as fazendas mistas, que garantiram a sobrevivência e o desenvolvimento econômico, se transformaram no alicerce para o desenvolvimento de nações que, hoje, apresentam sistemas de produção muito evoluídos. A Europa, considerada o berço da civilização, ensinou ao mundo o valor do leite como alimento, a usar a fermentação para reduzir a lactose na produção de iogurte, a coagular e drenar o soro no preparo de queijo, e a utilizar o leite na culinária para a elaboração de comidas, pães, bolos e sobremesas, muito apreciados em todo mundo.

PENSANDO O LEITE - VOLUME II
ECONOMIA

O FANTASMA DA COTA

REVISTA BALDE BRANCO - Nº 343 - MAIO DE 1993

Com a chegada do outono, o meio rural começa a se preparar para a época da entressafra. Após o trabalho intenso na primavera e no verão, o resultado da colheita pode indicar o sucesso ou o fracasso de um planejamento cuidadosamente executado, ou de uma simples tentativa de obtenção de resultados na atividade agrícola. O simbolismo da colheita é muito forte para a humanidade, pois o mês dos casamentos é, no mundo todo, estabelecido no outono, época em que os agricultores do passado tinham certeza de que teriam condições de estabelecer família, obterem dinheiro para o restante do ano, e era o início de um período relativamente calmo no campo. Ao mesmo tempo, as chamadas festas caipiras, sempre organizadas no período frio, têm também o objetivo de comemorar a safra colhida e o curto período de descanso para os agricultores.

Para a pecuária leiteira o outono pode trazer prenúncio de mudanças e de definições importantes, ditadas por uma escassez de leite que todos os anos aparece quando os pastos começam a mostrar que o frio está chegando. A queda das temperaturas noturnas e o encurtamento dos dias mudam a fisiologia das plantas forrageiras, que produzem nessa época somente de 10 a 30% do total acumulado no ano. Como consequência, o alimento fica escasso, permanecendo nas pastagens, apenas a forragem madura, passada, seca e de baixo valor nutritivo que restou da época do crescimento ativo, quando havia sobra. Deixado por conta da natureza, o gado emagrece, a produção cai e o abastecimento pode ficar comprometido, se o estoque acumulado na época das vacas gordas não for utilizado.

Às vezes, é necessário importar leite para garantir a demanda dos habitantes das cidades, fato esse que pode trazer prejuízos aos produtores, eliminando a força positiva da procura aumentada. A entressafra da produção leiteira revela o fracasso da tentativa de produzir sem critério ou planejamento. Os prejuízos causados pela imprevidência são muito grandes, e o maior, talvez, seja o acúmulo de produção em poucos meses, onde a oferta maior que a procura pode determinar preços baixos e insatisfatórios. O descontentamento do produtor é geral, e toda a culpa é então jogada sobre os laticínios, que são obrigados a processar e estocar produtos com custos financeiros muito altos. Se a capacidade industrial trabalha a pleno vapor na época da safra, passa ociosa no restante do ano, o que pode trazer prejuízos operacionais.

Como a demanda é relativamente constante, a cota foi criada para estabelecer um mecanismo compensatório, de maneira a que o leite excedente pode ser processado e estocado, porque tem um preço mais baixo. Se a produção fosse constante, a cota não teria sentido de existir, pois havendo um equilíbrio entre a produção e a demanda, os preços poderiam ser mais facilmente negociados.

Para haver produção equilibrada, o planejamento da entressafra deve começar na primavera, já que reservas forrageiras são imprescindíveis, e a distribuição dos partos deve ser estabelecida nove meses antes do evento, garantindo disponibilidade planejada de leite. Assim, o outono vai mostrar ao bom produtor o significado do trabalho correto e estruturado, no sentido de garantir um volume de leite equilibrado por todo ano. Para ele a cota representa um prêmio e, por esse motivo, deve lutar para que seja respeitada, defendida e aplicada, ou ser um mecanismo forte, capaz de estruturar o setor.

A cota assusta, amedronta e revolta o fazendeiro que viu sua produção de verão ser paga a preços baixos, porque não conseguiu um equilíbrio de produção. O extrator que retira leite de acordo com a disponibilidade, que nunca planejou a estrutura do rebanho ou fez qualquer investimento, perturba o mercado, encarece o transporte, dificulta o planejamento e prejudica o bom produtor. Adotando a 'Lei de Gérson*, procura produzir somente na época de custos baixos e, mesmo o 'vilão da estória', engrossa o coro dos insatisfeitos quando o leite extracota recebe o preço que merece. Para os safristas e oportunistas, a cota continuará sempre como um mecanismo repressor e injusto e se transforma no grande fantasma da fazenda leiteira do Brasil.

---

* A expressão originou-se em uma propaganda de 1976 criada pela Caio Domingues & Associados, que havia sido contratada pela fabricante de cigarros J. Reynolds, proprietária da marca de cigarros Vila Rica, para divulgação do produto. O vídeo apresentava o meia-armador Gérson, jogador da seleção brasileira de futebol como protagonista finalizando com a frase: "Por que pagar mais caro se o Vila me dá tudo aquilo que eu quero de um bom cigarro? Gosto de levar vantagem em tudo, certo? Leve vantagem você também, leve Vila Rica!" Mais tarde, o jogador anunciou o arrependimento de ter associado sua imagem ao anúncio, visto que qualquer comportamento pouco ético foi sendo aliado ao seu nome na expressão *Lei de Gérson*.

E A TAL POLÍTICA DO LEITE?

REVISTA BALDE BRANCO - Nº 351 - JANEIRO DE 1994

Baixos índices de produtividade, insatisfação com preços, produção pulverizada e estacional, oscilações bruscas no mercado consumidor e desânimo são problemas detectados no setor leiteiro, frequentemente, atribuídos à inexistência de uma política oficial.

Argumenta-se que a falta de uma diretriz clara, precisa e definida por parte do governo impede a estruturação das fazendas produtoras de leite. Entretanto, parece também existir unanimidade na afirmação de que as tentativas governamentais de intervir no setor criaram problemas adicionais ou trouxeram resultados desastrosos.

A visão populista do tabelamento de preços criou dificuldades e traumas ainda não superados, que deixaram os produtores inseguros para enfrentar a economia de mercado.

A introdução do abecedário do leite dificulta a explicação de como, no final do século XX, o país comercializa um leite cuja produção seria impossível na maioria das fazendas de primeiro mundo, ao lado de um produto coletado e transportado "quente", sem nenhum controle do segmento produtivo.

O grande volume de crédito subsidiado oferecido pelo governo na época do milagre brasileiro (início dos anos de 1970) atingiu uma minoria, incentivou investimentos em recursos não produtivos e talvez encarado como prêmios na loteria. Os empréstimos da época do Plano Cruzado (1985) quebraram alguns pecuaristas e contribuíram para o desequilíbrio de muitas fazendas.

As licenças de importação de leite, num período em que o mercado mostra sinais de retração, confirmam a certeza de que as ações governamentais podem atrapalhar mais do que ajudar o setor leiteiro.

A fracassada política agrícola dos países socialistas nunca trouxe resultados porque os burocratas nem sempre conhecem a realidade e raramente apresentam medidas racionais. Apesar de todo o esforço, de planos minuciosos e de programas de estímulo, a produção de leite nunca foi boa.

A política de incentivo de produção, através da distribuição gratuita de alguns alimentos concentrados por governos da África socialista, não foi capaz de garantir leite para as populações carentes. O mundo, hoje, acompanha com entusiasmo a desregulamentação da economia, a transformação de estatais improdutivas em empresas viáveis e a sinalização clara de que no setor produtivo podem ser encontrados os mecanismos para o estabelecimento de políticas de racionalização.

Na economia de mercado, a oferta e a procura determinam o comportamento dos preços. Todos os anos, na primavera e no verão, ocorre tendência de redução de consumo de leite e derivados, associada a aumento na disponibilidade, pois nessa época os oportunistas começam a tirar mais leite, aproveitando a melhoria dos pastos.

Esses indivíduos trazem perturbações sérias, já que o leite produzido a custo 'zero' chega ao mercado num momento desfavorável. Com isso, o produtor que investiu em alimentação na seca, que usa tecnologia e que tem custos mais elevados percebe que os preços começam a desmoronar e que a atividade fica difícil de ser administrada. O sentimento de revolta pelo recebimento de preços baixos é dirigido contra todos os componentes do setor, menos aos responsáveis pelo desequilíbrio na oferta do produto.

Na realidade, daqui para frente, qualquer fator de retração de consumo ou excesso de oferta irá afetar o mercado e, assim, a única maneira de proteger o verdadeiro produtor seria o estabelecimento de uma cota real, formada no período de oferta reduzida.

Não faz sentido dividir o esforço com o oportunista, que espera ver solucionado o seu problema através de preços compostos de leite cota e extracota, mesmo com prejuízos para quem garantiu o mercado na época de escassez.

Deve-se criar agora a consciência de que existe um problema estrutural na atividade leiteira e lutar para que a cota seja respeitada e mantida, pois só assim poderá haver planejamento e administração na fazenda e a colocação do leite extra no lugar a ele destinado numa economia de mercado. Essa seria uma boa política para o leite e estaria na dependência exclusiva da ação empresarial do setor leiteiro do país.

UMA QUESTÃO DE GOSTO E DE BOM SENSO

REVISTA BALDE BRANCO - Nº 355 - MAIO DE 1994

Gosto não se discute, porque nele estão embutidos conceitos subjetivos ditados pela paixão, tradição, percepção e outros sentimentos característicos da natureza humana. Gostar de vacas de leite parece ser, entretanto, um sentimento comum ao homem, talvez desenvolvido após milhares de anos de convivência com esse animal, que, domesticado, passou a ter um significado muito grande para a humanidade. Historiadores afirmam que o homem não teria se estabelecido em regiões inóspitas, frias e difíceis da Terra, se não tivesse se associado à vaca para obtenção de alimento nobre, vestuário, conforto e meios de trabalho. O seu papel na colonização e expansão de fronteiras agrícolas sempre foi reconhecido, e monumentos, pinturas e literatura não deixam de enaltecer o animal que foi batizado como "ama de leite" do homem e serviu, simbolicamente, como apoio ao nascimento do Messias em Belém.

A paixão pelas vacas de leite pode ser facilmente detectada nos indivíduos que, iniciando a atividade, aprendem a conhecer um animal de fácil e agradável convivência. A aprendizagem lenta e detalhada do tipo leiteiro, da base anatômica e fisiológica da lactação, geralmente desperta interesse e satisfação. As grandes multidões urbanas que frequentam as exposições ficam maravilhadas com a docilidade, beleza e elegância da vaca, capaz de encher baldes de leite puro, palatável e nutritivo.

Muitas pessoas, desvinculadas do meio rural, sonham com a implantação de uma fazenda leiteira e fazem planos detalhados, mesmo antes da aquisição do imóvel. A grande maioria dos compradores de terra pensa, em primeiro lugar, na aquisição de vacas para iniciar a produção de um leitinho na fazenda.

O gosto pela atividade leiteira talvez tenha sido o fator responsável pelo desenvolvimento do setor nos países evoluídos, onde o dono trabalha a terra, tira o leite, não tem folga e executa tarefas rotineiras e inesperadas 365 dias por ano. Se não apreciasse o que faz, seguramente mudaria de atividade, pois quem planta milho, trigo ou soja trabalha duro num período limitado de tempo e pode programar férias para a entressafra.

O produtor de leite, que gosta do que faz, considera-se recompensado pelo nascimento de uma bezerra trazendo esperança, pelo desenvolvimento do amojo na novilha criando expectativa e pelo parto confirmando a certeza de uma boa produção. Apesar de tudo, os produtores conscientes sabem que a atividade leiteira é, na realidade, um negócio e, portanto, não basta simplesmente gostar da atividade: é preciso também ganhar dinheiro.

A análise do setor leiteiro de qualquer país desenvolvido mostra que tem havido uma redução drástica no número de produtores de leite. O abandono da atividade acontece porque leis da economia ou da razão acabam prevalecendo sobre as do coração. Certamente muitos sentiram abandonar as vacas de leite, mas foram obrigados a procurar uma atividade na qual pudessem ter certeza de sobrevivência econômica. Com isso, a responsabilidade de produzir passou a ser de um número reduzido de fazendeiros que, além de gostarem do setor, são também capazes de gerenciar propriedades que precisam ter resultado.

No Brasil, continua ainda a tendência de crescimento horizontal do setor leiteiro, porque alguns fazendeiros argumentam que não contam com outra opção, outros resolvem experimentar e muitos, simplesmente, sentem-se atraídos e gostam de vacas de leite.

Com isso, algumas distorções aparecem e dificultam o equacionamento de conceitos corretos para a atividade leiteira. Um técnico americano, que visitou o país no início de 1994, ficou chocado ao ouvir um fazendeiro afirmar que não ganhava dinheiro na produção de leite, e que só permanecia na atividade porque gostava de vacas leiteiras. O gosto, um tanto duvidoso, mas frequentemente proclamado em nosso meio, leva à ideia de que tirar leite é simplesmente uma brincadeira. Talvez, por isso, os brasileiros causem tanta perplexidade nos produtores profissionais de outros países, quando perguntam se leite é um bom negócio. A indagação, feita com a melhor das intenções, sugere que o produtor ou é pouco inteligente ou muito incompetente.

LEITE COM CAFÉ E AÇÚCAR

REVISTA BALDE BRANCO - Nº 358 - AGOSTO DE 1994

Esse trio representa a base do desjejum da grande maioria das famílias brasileiras, mas pode também ser um fator complicante para o turista brasileiro que nem sempre encontra, em outros países, leite quente para o preparo do tradicional pingado de todas as manhãs. Para a economia do País, leite, café e açúcar são produtos de grande importância para a formação da renda bruta da agricultura dos Estados líderes da Federação. Para o agricultor pode representar segurança na exploração racional das fazendas, pois, a diversificação é sempre uma boa alternativa em épocas de crise, quando ocorre desequilíbrio entre a oferta e a procura de produtos agrícolas. A associação de atividades produtivas pode ser muito interessante quando existe a possibilidade de aproveitamento racional dos recursos e de uma interação perfeita dos fatores produtivos disponíveis no solo, na mão de obra, nos insumos, nas máquinas, etc.

A associação de leite com café é muito antiga e possibilitou, no passado, o estabelecimento de uma oligarquia que governou o Brasil antes do chamado Estado Novo*, quando mineiros e paulistas se alternavam no comando, ditando os destinos da nação. Na região paulista do Vale do Paraíba, a combinação das duas atividades permitiu na virada do século XIX para o século XX, a manutenção da economia, quando a cafeicultura estava em decadência e o leite aparecia para reorganizar o setor agrícola, substituindo pouco a pouco os cafezais improdutivos, assumindo papel de destaque na região. O desenvolvimento foi tão grande que criou bases para o estabelecimento de associação de produtores, passo inicial para a organização da primeira cooperativa de laticínios do País.

Posteriormente, na bacia leiteira do sul de Minas Gerais, a cultura do café fino nas regiões mais altas possibilitou a manutenção dos retiros nas baixas, e o casamento das duas atividades trouxe grandes benefícios. Para uma cultura bianual sujeita a geadas e preços flutuantes, o leite representava o ponto de equilíbrio da fazenda, garantindo fluxo de caixa para as atividades de manutenção. O esterco, produzido pelo gado, utilizado na adubação dos cafezais, garantia produções melhores e economia. O aproveitamento de uma mão de obra relativamente abundante e ociosa em determinadas fases da produção de café sempre foi considerado como importante, sob o ponto de vista social e econômico das regiões onde as duas atividades tiveram convivência longa e produtiva.

A grande expansão da cultura canavieira, a partir da década de 1970, foi feita principalmente pela ocupação de áreas destinadas à exploração de pastagens, e, em algumas regiões leiteiras, a produção diminuiu consideravelmente. Esse fato tem sido, às vezes, usado para caracterizar um problema que, analisado com critério, pode revelar, na realidade, um potencial muito favorável ao setor leiteiro.

O casamento da cana-de-açúcar com o leite é fácil de ser realizado,

---

* Estado Novo - nome do regime político fundado pelo presidente Getúlio Vargas em 10 de novembro de 1937 que durou até 29 de outubro de 1945, caracterizado pela centralização do poder, nacionalismo, anticomunismo e autoritarismo.

considerando a possibilidade de introdução de sistemas de confinamento nas fazendas canavieiras, capazes de aproveitar recursos imensuráveis, que não são explorados rotineiramente. Cerca de 20 a 30% das glebas cultivadas com cana-de-açúcar ficam vazias de setembro a fevereiro, objetivando atividades de renovação dos canaviais. Nessa época, utilizando toda a infraestrutura de máquinas, mão de obra e 'know how' agrícola das fazendas canavieiras, seria possível produzir silagem para o gado que, juntamente com a cana-de-açúcar, poderia servir de base para a alimentação dos rebanhos. Ocupando uma área física muito pequena, a atividade leiteira seria capaz de contribuir com grande quantidade de esterco e garantir fluxo de caixa para a entressafra agrícola. Com a somatória de tantos fatores favoráveis, seria fácil estabelecer no país fazendas de produção de leite dentro de padrões empresariais, ou seja, capazes de garantir volume, qualidade, equilíbrio, boa rentabilidade através de escala e proximidade dos centros consumidores.

A dificuldade real para realizar o casamento do leite com a cana-de-açúcar reside na má fama do setor leiteiro, no que diz respeito à economia. A divulgação constante de planilhas de custo de fazendas ineficientes e improdutivas deturpa a imagem da produção leiteira, impedindo que empresários rurais diversifiquem suas atividades agrícolas com sucesso.

DÚVIDAS E CERTEZAS

REVISTA BALDE BRANCO - Nº 364 - FEVEREIRO DE 1995

Dúvidas sobre a economicidade da produção leiteira não são novas, pois documentos muito antigos já falavam de abandono da atividade e de dificuldades para o pagamento de custos operacionais.

Sempre existiu a preocupação de se associar a produção de leite com outras atividades rurais e urbanas, já que a profissionalização parece difícil e temerária. Invariavelmente, as dificuldades do setor são atribuídas ao preço do produto que, aparentemente, está sempre desatualizado, se comparado ao custo de produção publicado periodicamente como referência. Nessas discussões intermináveis, são deixados de lado, dados muito importantes para que qualquer atividade econômica, inclusive a leiteira, seja analisada e entendida. São desconsideradas escala de produção e eficiência do uso de recursos produtivos, e nunca publicados índices que possibilitem a caracterização da fazenda que deu origem à referência usada para configurar um problema aparentemente insolúvel no país.

Um estudo superficial do perfil médio das fazendas brasileiras pode levar à certeza de que produzir leite não pode mesmo ser um bom negócio. O vendedor médio de leite para as maiores empresas do setor lácteo entrega por dia cerca de 60 litros e dificilmente terá recursos suficientes para saldar compromissos inerentes a qualquer atividade que não seja meramente extrativa. No segmento do leite B, a escala de comercialização também é pequena, não ultrapassando 400 litros diários na fazenda média, que está localizada em terras mais valorizadas, apresenta rebanho grande, usa grandes quantidades de concentrados, faz investimentos elevados em construções, máquinas e equipamentos e utiliza maior volume de mão de obra.

Será que com essa quantidade de leite vendida existiriam recursos suficientes para cobrir custos e ainda sobrar dinheiro para remunerar o capital e a administração da empresa? Escala pequena indiscutivelmente é um problema crônico do setor leiteiro no país. Ninguém tem dúvida de que receita é fundamental à empresa para pagar custos e obter sobras que justifiquem o empreendimento. Quando as margens são pequenas, como acontece com frequência na exploração leiteira, a magnitude da receita passa a ser a base da sobrevivência da empresa, que poderá assim esperar por dias melhores no futuro.

Geralmente, a venda de leite representa de 80 a 90% da receita total das fazendas leiteiras, sendo o restante proveniente da comercialização de animais e de outras vendas eventuais. Nas poucas fazendas que se dedicam à criação dos animais de elite, a venda de reprodutores pode perfazer até 50% da receita, mas quando a atividade é profissionalizada, grande ênfase é colocada no leite, pois existe a consciência de que deve ser a base da economia, por ser planejado mais facilmente e, portanto, uma fonte mais confiável de recursos para o caixa. Produzir leite deve ser o objetivo da fazenda que procura explorar o leite como negócio.

Sabe-se que produzir leite não é uma tarefa muito fácil. Exige administração e manipulação de fatores que afetam o potencial produtivo, visando à produção por área, por vaca do rebanho, por unidade de mão de obra, por real investido, etc. Aumentos substanciais de 30 a 40% na produção, independentemente do nível de produção das matrizes, podem ser obtidos se 85% das vacas participarem efetivamente do processo produtivo.

Vendas de dois litros a mais de leite por dia para cada vaca do rebanho podem se conseguidos através da racionalização do aleitamento de bezerros, o que representaria 200 litros para qualquer rebanho de 100 matrizes.

Racionalização nos descartes, na ordenha, no controle de doenças e parasitos, na nutrição, no conforto, no uso do solo, na produção de alimento, etc., podem promover incrementos consideráveis na capacidade produtiva de qualquer fazenda produtora de leite.

Nas regiões de pecuária profissionalizada, não existem dúvidas de que leite é um péssimo negócio para os produtores que são obrigados a abandonar a atividade, por não serem capazes de trabalhar com racionalidade. Os que ficam procuram administrar o custo de produção e elevar a receita, para que possa existir a certeza de um bom negócio no leite.

PENSANDO NO FUTURO

REVISTA BALDE BRANCO - Nº 369 - JULHO DE 1995

O momento atual de economia de mercado, com tendência de globalização, concorrência e inflação controlada, certamente criará novos desafios aos produtores de leite do Brasil. O impacto talvez não seja sentido em curto prazo, como consequência da estrutura de produção, mas é indiscutível que chegará a hora em que será necessário encarar a atividade como um negócio, e então, o produtor terá que se profissionalizar para sobreviver e progredir. A tendência mundial de ampliação de escala por fazenda, redução no número de produtores, pagamento de leite por proteína e gordura e compra de produto com baixa contagem de microrganismos certamente exigirá novos conceitos, posturas e métodos de produção. A visão de que terra é o principal investimento para a produção levará à certeza de que os retornos da atividade deverão ser analisados por unidade de área, e a escassez e custo da mão de obra exigirão produtividade e racionalização.

Pressões econômicas do futuro, sem dúvida, criarão sistemas agrícolas mais produtivos, mas as preocupações com o ambiente exigirão manutenção de fertilidade do solo, controle efetivo da erosão e da poluição de fontes de água. Técnicas de cultivo mínimo, práticas de conservação do solo, proibição do revolvimento de terras sem estrutura física ou declivosas, com toda certeza serão regulamentadas por legislação específica, como acontece, hoje, em vários países, visando à preservação da base física, evitando o assoreamento de rios, lagos, açudes e represas. Algumas tecnologias usadas há longo tempo, como aplicação de pesticidas, deverão sofrer reformulações profundas, devido ao custo e à poluição. Sistemas integrados de controle de pragas de culturas, já em uso em várias regiões do planeta, permitirão o estabelecimento de programas que integram medidas químicas, culturais e biológicas, visando à resultados sem riscos de contaminação do ambiente e à preservação dos recursos naturais. A produção de leite sem resíduos orgânicos e químicos, principalmente antibióticos, terá como objetivo atender à demanda industrial mais exigente e a um consumidor cada vez mais preocupado com a qualidade do alimento. Tudo isso exigirá aplicação de tecnologia, e o setor passará por profundas modificações, saindo do modelo atual, de subdesenvolvimento, para o adotado em regiões de pecuária evoluída.

A postura do produtor de leite do futuro deverá ser empresarial e exigirá controle efetivo e manipulação de recursos produtivos em sistemas compatíveis com as forças de mercado. Ênfase deverá ser colocada na proposição de que receita com venda de leite deve ser o fundamento da atividade, e que existe necessidade de se obter um retorno aceitável para o capital investido. O planejamento da produção, através da estruturação racional dos rebanhos em relação à área, à disponibilidade de equipamento e mão de obra, permitirá estimativas realistas de fluxo de caixa, de potencial e viabilidade do empreendimento. A introdução do conceito de terceirização será necessária para enfrentar a redução na disponibilidade de mão de obra, melhorar a eficiência e reduzir custos. O modelo empresarial urbano deverá ser gradativamente transportado para o campo, procurando a transformação do setor através de bases sólidas, compatíveis com as necessidades que certamente surgirão.

A modificação do setor leiteiro do país exigirá também uma mudança na atitude do produtor com relação ao cooperativismo. No mundo todo, a união dos produtores, a conjugação de esforços e a escala criada pelo grupo são fatores importantes em regiões de mercados abertos e competitivos. A ilusão do preço do momento deve ser substituída pela fidelidade aos valores recebidos ao longo dos anos, principalmente, nas épocas de depressão.

Participação, determinação, procura de racionalização e, sobretudo, compreensão de que a cooperativa é parte do patrimônio da fazenda podem criar uma base sólida para o produtor do futuro.

O cooperativismo pode contribuir efetivamente para a introdução dos instrumentos necessários ao entendimento, à adaptação e execução dos conceitos profissionalizantes que inevitavelmente serão exigidos no futuro.

O CUSTO DE PRODUÇÃO DE LEITE

REVISTA BALDE BRANCO - Nº 380 - JUNHO DE 1996

A grande frustração do produtor é verificar não ser possível o pagamento das contas quando o balanço da atividade leiteira indica resultado negativo. Esse acontecimento pode ser muito sério para os profissionais que passaram a vida trabalhando duro e, de repente, verificam não ser viável continuar. Relatos dos países desenvolvidos mostram que tratamentos psiquiátricos são muitas vezes necessários para solucionar a decepção, o sentimento de fracasso e a forte depressão que aparecem com a constatação de que os custos não podem ser cobertos, que a atividade precisa ser descontinuada e que os vizinhos obtêm sucesso. A vida depois do leite tem sido tema de estudos e artigos, mostrando o esforço na readaptação do fazendeiro e a preocupação com apoio e orientação.

Quando não vive exclusivamente do leite, a impossibilidade de pagamento das contas não tem a gravidade mencionada e, nessas condições, o abandono da atividade pode até ser motivo de alívio e grande satisfação. Raramente aparece o sentimento de fracasso, pois os problemas são atribuídos ao preço do leite, à falta de estímulo, à inexistência de subsídios para o setor e à insensibilidade do comprador. Custos elevados são usados para indicar a impossibilidade de produção com os preços pagos pelo produto, e, nunca, para caracterizar possíveis dificuldades administrativas no seu sentido mais amplo.

Problemas de custos de produção elevados indicam, na realidade, que os investimentos e a condução da atividade não são compatíveis com o que se produz na fazenda, pois, no cálculo do custo por litro, dividem-se reais pela quantidade de leite. A interpretação deveria, então, ser orientada no sentido de que o sistema implantado não tem viabilidade, ou então, está sendo conduzido de maneira inapropriada. Nas regiões de pecuária evoluída, os modelos de produção são muito semelhantes, indicando que as propostas devem ser adaptadas às condições do local. Por exemplo, quem visita uma fazenda leiteira da Nova Zelândia, viu todas, pois as diferenças são irrelevantes em sistemas que só podem operar com custos muito baixos. A mesma sensação de homogeneidade aparece em sistemas da Dinamarca, da Califórnia, de Israel ou em qualquer região onde o leite é considerado negócio e os produtores profissionais. Sempre existe um potencial definido para o sistema, a fim de caracterizar a situação do produtor, que passa então a ter consciência de sua capacidade para gerenciar o modelo de produção adotado. Índices capazes de caracterizar eficiência no uso de recursos produtivos como produção por vaca do rebanho por ano, número de vacas em lactação por hectare ou leite produzido por unidade de área, são empregados para indicar se o leite produzido é compatível com o sistema estabelecido. Os fazendeiros não improvisam nem tentam usar conceitos diferentes, porque existe consciência de que os custos precisam ser adequados às receitas oriundas da venda do leite e dos animais. Escala de produção e eficiência máxima no uso da vaca, do rebanho, do solo, da mão de obra e de outras variáveis importantes para a formação da receita devem ser cuidadosamente monitoradas na fazenda.

Diminuições na quantidade de leite para a venda, provocadas por problemas de manejo precisam ser caracterizadas e analisadas para viabilização de qualquer proposta de produção. Deficiências na reprodução e vacas de persistência baixa promovem reduções significativas no potencial do sistema, com consequências bastante sérias para a economia do processo produtivo, pois faltará leite para a diluição dos custos. A administração consciente dos recursos produtivos poderá viabilizar a atividade no contexto dos preços e das receitas a serem obtidas no sistema adotado.

Custo como reflexo da administração e do conceito de produção empregado representa uma mudança de postura e transfere a responsabilidade do sucesso ou fracasso para o produtor, que certamente irá buscar na tecnologia disponível os instrumentos para a elevação da eficiência, da produtividade e da economicidade da produção leiteira. Assim sendo, será possível saber com detalhes não só quanto custa produzir leite no sistema adotado, mas também, por que.

LEITE COMO MEIO DE VIDA

REVISTA BALDE BRANCO - Nº 381 - JULHO DE 1996

Na década de 1970, grandes investimentos foram feitos para o estabelecimento de fazendas leiteiras através de projetos elaborados, analisados e aprovados por equipes técnicas credenciadas pelos agentes financiadores. O crédito disponível era volumoso, estimulava e permitia montar uma exploração leiteira onde só existia gado de corte ou atividades agrícolas de diferentes naturezas. Surgiam assim, de uma hora para outra, fazendas relativamente grandes para a época, bem equipadas, às vezes, com gado e máquinas importados, edifícios novos e tudo que se julgava importante para produzir leite para uma população que crescia rapidamente, e para a qual os governantes queriam oferecer o mais nobre de todos os alimentos, sem importação.

Apesar de toda a euforia, do crédito subsidiado e vantajoso, do projeto detalhado e das facilidades oferecidas, inúmeras fazendas planejadas não tiveram o sucesso esperado. Estudos analíticos em algumas propriedades indicaram que muitas vezes detalhes pequenos, mas significativos, foram deixados de lado nos planejamentos e desconsiderados na execução. Por não terem sido detectados a tempo, acabaram contribuindo para o insucesso e o descrédito da tecnologia aplicada para a produção de leite. A equipe de trabalho para conduzir a atividade leiteira nunca mereceu a devida atenção nos projetos elaborados com grande minúcia de informações e detalhes. Quando as fazendas eram conduzidas por indivíduos que não gostavam, não tinham nenhuma afinidade ou não conheciam gado leiteiro, o projeto ia mal.

Numa das fazendas planejadas e instaladas com requintes, o administrador solicitou à equipe técnica, encarregada pelo agente financiador para identificar os problemas, para usar como argumento para convencer o patrão, que produção de leite era a pior coisa do mundo. Indivíduo criado em fazenda de gado de corte, não tinha nenhuma afinidade com a atividade leiteira. Desejava voltar à lida com gado de corte, ao laço, às longas cavalgadas, ao divertimento da marcação, castração, apartação, etc. Transmitia a seus subordinados sua antipatia pela pacata e inexpressiva vaca de leite e detestava a rotina contínua, monótona e, segundo ele, malcheirosa da sala de ordenha.

Em muitos projetos, os trabalhos de rotina foram entregues a indivíduos despreparados que, em pouco tempo, passavam a considerar a atividade inviável, por não serem capazes de entender, equacionar ou solucionar as dificuldades que apareciam. Com isso, o desânimo tomava conta de todos, as expectativas eram frustradas, os prejuízos acumulados e a fama de que o leite era péssimo negócio ampliada e difundida por todo o País.

Na formação cultural do brasileiro, a vaca de leite nunca teve uma posição de destaque, capaz de estabelecer um envolvimento emocional, intelectual, atávico do homem com a atividade leiteira. Por falta de empatia, o trabalho repetitivo, constante e imprevisível geralmente leva a uma sensação de infelicidade, algumas vezes de desespero e vontade de abandono da atividade. Por isso, é muitas vezes difícil conseguir pessoas que se disponham a trabalhar em produção de leite, que passa a ser considerada como um castigo, e o trabalhador, um sofredor. Logicamente, os sentimentos negativos associados ao desinteresse e à falta de conhecimento prejudicam e dificultam o estabelecimento do profissionalismo no setor leiteiro.

Entre os povos com tradição na atividade leiteira, o trabalho com as vacas é sempre considerado agradável, gratificante, e os fazendeiros, com muita frequência, dizem que leite tocado como um negócio é o melhor meio de vida que pode existir, pois, além de possibilitar ganhos, oferece um estilo de vida incomparável. Por esse motivo, falam que não trocariam o leite por nenhuma outra atividade agrícola. Na realidade, estão indicando que o gosto pela produção de leite tem de fazer parte da rotina e contribuir para o interesse e a dedicação ao trabalho complexo exigido pela vaca leiteira. Entretanto, todos sabem nos países de pecuária evoluída, que a fazenda leiteira, conduzida apenas como um meio de vida qualquer, pode se tornar um péssimo e difícil negócio a ser tocado.

A MARCHA DO LEITE

REVISTA BALDE BRANCO - Nº 386 - DEZEMBRO DE 1996

Análises recentes tem dado ênfase ao aumento da produção de leite nas áreas dos cerrados e, frequentemente, o que está acontecendo no Estado de Minas Gerais é usado como referência. No maior produtor do Brasil, as regiões planas do Oeste estão coletando mais leite que as tradicionais, localizadas na Zona da Mata e no Sul do Estado. O fato é também caracterizado no Centro-Oeste brasileiro, onde ocorre estruturação de coleta de leite e investimentos em instalações industriais para processamento do produto.

A marcha do leite para o Centro, Oeste e Norte do País é, hoje, uma realidade, mas a tendência não é nova. No Estado de São Paulo, o maior consumidor, a pecuária leiteira já havia migrado na década de 1970 para os cerrados e regiões mais planas, pois o Vale do Paraíba, a grande bacia do passado, contribuía na época com somente 13% do total. Com a mudança, a atividade atingiu áreas remotas, e, hoje, o maior volume de leite se concentra na região de São José do Rio Preto. Antigamente, era inconcebível imaginar pecuária de leite no Centro, Norte ou Oeste do Estado de São Paulo.

A ampliação e o melhoramento do sistema viário nos últimos 30 anos possibilitaram o estabelecimento de linhas de coleta e transporte para os grandes centros de consumo, abrindo perspectivas para a produção de um produto perecível em regiões de difícil acesso no passado. Criada a infraestrutura, o leite passa a ser um grande atrativo para os criadores de gado de corte, uma atividade extrativista, de baixa rentabilidade. Produzir leite sem nenhum investimento, usando mão de obra ociosa e com custo 'zero', é um bom negócio para quem tem possibilidade de gerar receita apenas com o bezerro.

Estruturada a coleta, o interesse leva à procura de cruzamentos do Zebu com raças europeias e de oportunidade para o surgimento de 'fazendas leiteiras'. A história do desenvolvimento do setor se repete em cada nova região, e com isso o leite vai se afastando das cidades, conquistando seu espaço nas regiões tradicionais de pecuária de corte.

No passado, a produção ficou restrita às regiões montanhosas, próximas dos grandes centros consumidores, geralmente impróprias para agricultura. Nessas bacias, somente 10 a 15% das áreas podem ser trabalhadas, apresentando, então, um potencial muito baixo para qualquer atividade agrícola, inclusive a pecuária de leite. Na época em que foram estabelecidas condições para a mudança, as terras das fazendas antigas já estavam exauridas por sistemas extrativistas e, com isso, a marcha do leite foi iniciada para regiões que apresentavam vacas de cria e potencial latente para coleta.

Apesar de se tornarem polos importantes de produção, a produtividade média continuava tão baixa como nas regiões tradicionais, pois os sistemas estabelecidos eram também extrativistas. Os extrativistas produzem com estacionalidade, criando problemas de comercialização na safra, fato que perturba o segmento com produção estruturada. Como a capacidade de produzir leite nas fazendas continuava baixa, o crescimento da coleta para atender à demanda crescente só pode ser realizado pela ampliação no número de produtores.

O modelo empregado no país é preocupante quando se considera os problemas da produção pulverizada, em contínuo crescimento horizontal. Estimativas indicam que a coleta de leite no Brasil envolve uma distância equivalente a três e meia a quatro voltas por dia no globo terrestre, que somada ao percurso para os centros de consumo e distribuição nas cidades, assume cifras fantásticas, inacreditáveis. Como a maior parte do leite é transportada sem refrigeração em sistemas que permitem contaminação, é inevitável o aparecimento de problemas de qualidade após longa viagem.

Qualquer empresa impossibilitada de acompanhar a marcha para coleta do leite mais barato passa a enfrentar uma concorrência difícil. Finalmente, a produtividade do setor continua no patamar subdesenvolvido do início do século XX e dificilmente mostrará sinais de evolução. Com isso, será impossível detectar no país a curto, médio ou longo prazos, a tendência de redução no número de produtores e profissionalização do setor.

LEITE EM SÃO PAULO

REVISTA BALDE BRANCO - Nº 388 - FEVEREIRO DE 1997

No início de 1997, em boa hora, a Secretaria da Agricultura e Abastecimento do Estado de São Paulo reuniu um grupo de pessoas interessadas para analisar a cadeia produtiva do leite. Dentre os itens discutidos, chamou a atenção o fato de que o Estado é grande importador devido à demanda crescente, e também, porque a produção está caindo. A queda na produção paulista era esperada, porque, de início, se estabeleceu nas regiões montanhosas, onde se torna difícil restituir a fertilidade do solo por longos períodos de extração e, com isso, em longo prazo era de se esperar decadência da atividade. A produção de leite no Brasil está muito associada à cria de gado de corte, que saiu de São Paulo pelo valor das terras, e ao estabelecimento de culturas como a cana-de-açúcar e a laranja. Assim, o leite acabou acompanhando o gado de corte para fora do Estado.

Não existe tradição no país de se discutir o potencial produtivo das diferentes regiões, nem analisar possíveis pontos de estrangulamento. Estudos sérios conduzidos em fazendas paulistas localizadas em terras boas revelaram indicadores de rentabilidade que causariam inveja em qualquer produtor estrangeiro: R$ 908,00* de lucro por ha por ano e R$ 578,00 de lucro por vaca do rebanho. Esse resultado foi obtido em instalações simples, sem sofisticação, mas com aplicação de conceitos corretos de tecnologia.

Outros casos analisados confirmam a indicação de que o leite pode se transformar num dos melhores negócios da agricultura paulista, quando conduzido com propriedade. Infelizmente, resultados bons, obtidos com a exploração leiteira, não são divulgados, prevalecendo a promoção de que a atividade é ruim. Ênfase é dada às dificuldades do produtor, mas as causas são sempre omitidas. As liquidações de plantéis de gado fino são usadas como indicadoras de problemas para quem tenta produzir com sofisticação. Dados mostrando a viabilidade e os bons resultados são postos em dúvida, desconsiderados e raramente comentados. A bem orquestrada campanha contra o leite leva o empresário a não considerar o leite em seus negócios, a não ser montar uma fazenda para o fim de semana.

Havendo interesse na produção de leite em São Paulo, haveria necessidade

* Cotação do dólar em 03.02.1997 igual a R$ 1,0450.

de discussões sérias sobre falsas tecnologias, sobre aplicação de recursos financeiros em atividades produtivas, intensificação do uso do solo e mostrar como é simples produzir com eficiência e custos mais reduzidos. Elucidar conceitos reais de produtividade poderia mostrar ao produtor que a manipulação correta dos fatores produtivos pode trazer resultados surpreendentes. Existe necessidade de banir da mídia e das conversas, os índices promocionais que estimulam o ego, mas ocultam, às vezes, uma realidade diferente.

O Estado de São Paulo apresenta uma situação privilegiada para produzir leite, porque apresenta uma agricultura estruturada e, no mundo todo, as duas atividades estão sempre juntas. Além disso, a introdução do leite nas fazendas de cana-de-açúcar cria uma situação extremamente favorável, pelo uso das terras de reforma para o plantio de milho, o uso de máquinas que estão paradas, mão de obra abundante e tradição em agricultura. A área física ocupada pelo leite pode ser pequena, mas a operação é grande, para que a escala possa contribuir para a economicidade. Um número relativamente pequeno de grandes fazendas poderia abastecer a cidade de São Paulo. Modelos em funcionamento podem atestar o potencial que está sendo perdido.

Na realidade o que falta no Brasil e em São Paulo é a aceitação de que o leite conduzido com critério, usando princípios tecnológicos, pode até se tornar uma boa opção para a agricultura, principalmente para fazendas de 100 a 200 hectares. Dentro dessa conceituação, torna-se muito importante entender que fazendas que criam animais finos, para exposição, têm objetivos e propostas diferentes que não podem servir de modelo a quem tem como objetivo produzir leite. Se houver interesse, o Estado de São Paulo poderá se transformar em um polo significativo como produtor de leite.

A ESTABILIDADE DA PRODUÇÃO LEITEIRA

REVISTA BALDE BRANCO - Nº 397 - NOVEMBRO DE 1997

Existem fatos muito interessantes no setor leiteiro do Brasil. Durante um longo período de tempo, a produção era fortemente estacional e a cota sempre foi usada como instrumento para estímulo da produção nas épocas de escassez. Nesse sentido, infindáveis discussões, com prós e contras à medida adotada pelos laticínios, eram ouvidas nas comunidades rurais das, então, chamadas 'bacias leiteiras'. Já nos últimos anos, tem havido certa estabilidade de produção e, por isso, a questão volta a ser calorosamente analisada e discutida, mas de forma diferente, pois foi necessário adotar o que se convencionou chamar de 'cota colocada', porque o consumo passou a ser flutuante e a entressafra deixou de ser evidente, mesmo em regiões remotas, onde, no passado, as indústrias ficavam ociosas, devido à queda de até 70% da produção no período desfavorável do ano.

As mudanças ocorridas podem ter sido causadas por vários fatores como: invernos menos rigorosos, sem geadas fortes; secas mais brandas, com algumas chuvas nos meses reconhecidamente secos; tendência de abandono da capineira de capim-elefante em detrimento do uso de recursos forrageiros de melhor qualidade; coleta de leite em novas regiões, etc. Qualquer que seja a razão, a verdade é que o equilíbrio aparente da produção leiteira trouxe novos e complexos problemas para os produtores e indústrias que não estavam preparados para manipular excesso de leite, enfrentar estocagem por longos períodos, e tampouco, a entrada de produtos lácteos do exterior numa época considerada desfavorável e difícil.

A importação de lácteos quando existe excesso de leite, consumo estabilizado ou em baixa, não pode ser justificada, ainda mais numa fase em que o país enfrenta problemas considerados graves no desequilíbrio da balança de pagamentos. Com tudo isso, a antiga e característica estacionalidade da produção de leite, que por muito tempo foi marca registrada da atividade leiteira, deixou de ser um dos principais problemas, para fazer, no momento atual, por mais paradoxal que pareça, muita falta como mecanismo para o equilíbrio do setor. No início da década de 1950, se falava que, havendo produção mais equilibrada de leite nas estações da seca e das águas, haveria estabilidade econômica da indústria e da própria produção leiteira. Se o fato ocorresse, seria iniciada uma fase de expansão industrial e aprimoramento técnico, em que apareceriam várias características diferenciadas para o setor. A produção de leite seria conduzida com bases mais racionais e econômicas, ocorrendo menor quantidade e melhor qualidade das vacas leiteiras, que receberiam um trato mais adequado e apresentariam maior produção.

Para tanto, seria necessário investir na formação de retireiros através de cursos exclusivamente práticos, em locais que simulassem as características de trabalho, a fim de evitar o desvio de vocações. Simultaneamente, deveria existir maior amparo e prestígio aos técnicos, oferecendo-lhes, antes de tudo, uma aprendizagem prática e objetiva com aplicação real em nosso meio. Finalmente, deveria haver propaganda, esclarecendo aos consumidores sobre as qualidades do bom leite e produtos lácteos, como veículos de saúde.

As mudanças ocorridas na economia com a introdução do Plano Real chegaram num momento em que os produtores começaram a enfrentar problemas que desconheciam e não esperavam. Elevando o volume produzido no país, trabalhando para melhor qualidade do leite e mudando sistemas de produção, certamente esperavam as perspectivas mencionadas há quarenta anos. De repente, o setor começa a ficar perplexo com a redução do preço, com a falta de colocação do produto, que era muitas vezes escasso, e com a insensibilidade dos responsáveis pelas políticas de importação.

Assim sendo, o equilíbrio da produção, que era por muitos considerado como fundamental para a reestruturação do setor, passou a ser mais um pesadelo entre os inúmeros enfrentados pelo produtor de leite no Brasil. Talvez todos esses fatos, que ocorrem junto com a criação da Associação dos Produtores de Leite Brasil, possam unir os produtores em torno de uma decisão, a de pôr ordem num setor que sofre oscilações grandes e profundas que desestimulam o trabalho, visando eliminar a escassez, banindo a importação para abastecimento de um país com potencial inquestionável para produção de leite.

ACREDITE SE QUISER

REVISTA BALDE BRANCO - Nº 399 - JANEIRO DE 1998

É muito difícil para o homem aceitar o que não consegue fazer ou visualizar, a não ser que tenha fé. De acordo com preceitos religiosos, a crença existe quando fatos e acontecimentos são acatados sem contestação. O indivíduo é, então, levado a aceitar o conceito, mesmo que não seja possível justificá-lo quando existe uma prova cabal que possa provocar uma dúvida no que acredita. Juntamente com esse sentimento, a natureza humana é estimulada, muitas vezes, a distorcer os fatos para que sua convicção seja mantida, mesmo que evidências, reconhecidamente válidas, mostrem outra realidade. Por esses motivos, se torna difícil, em países emergentes, divulgar conceitos de tecnificação do setor leiteiro, porque existe a convicção arraigada de que a atividade é ruim sob o ponto de vista econômico e que a aplicação da tecnologia eleva custos de produção.

Ao culto do custo elevado introduzido pelas planilhas se somam outros, criando uma fé inabalável de que o preço é a única saída para o fazendeiro que não consegue entender que custo é um problema administrativo, que a margem líquida depende de dois fatores (custo e receita), e não somente de um (custo) e que o preço é ditado pelo mercado. O grande problema, em situações como a descrita, reside na dificuldade do ajuste das variáveis por fazendeiros que consideram tecnificação como investimento elevado em construções, máquinas e equipamentos ou em aplicação de recursos financeiros quando a relação custo-benefício é inexistente ou duvidosa.

Alguns produtores acreditam que aquele que procura mostrar o outro lado da medalha, utilizando argumentos sobre eficiência de produção e redução de custos através de tecnificação, esteja trabalhando contra o fazendeiro, pois fornece argumentos fortes para que os compradores de leite pratiquem preços mais baixos. Aparecem também insinuações de que os técnicos são comprados pelos laticínios para facilitar a queda dos preços através de argumentos considerados teóricos. A falta de julgamento adequado, a incapacidade gerencial ou a fé inabalável de que o custo obtido, sempre elevado, se constitui no problema principal da fazenda leiteira, leva ao estabelecimento de dogmas difíceis de serem quebrados. Reduzir o preço do produto tem o mesmo significado para a empresa que elevação do custo, ou seja, a margem líquida é reduzida ou fica negativa se nada mudar na fazenda.

Os produtores de regiões desenvolvidas entenderam a problemática num passado distante, quando o preço do produto era ditado pelo mercado, ocorrendo, por isso, variações, às vezes, não justificadas para os fazendeiros no valor recebido pelo leite. Entenderam, também, que a lei da oferta e da procura não pode ser revogada por decreto, como propôs, certa vez, de acordo com o folclore político, um governante do país.

Analisando o que ocorreu, por exemplo, na Nova Zelândia, se observa que de 1975 a 1995 o preço médio do leite foi de US$ 0.12* por litro, mas os limites atingiram US$ 0.08 a US$ 0.18 por litro. Os fazendeiros entenderam a necessidade de criar um modelo adaptado ao país e, por isso, sempre trabalharam considerando o valor mínimo pago pelo leite, ou seja, com custos compatíveis com os valores mais baixos. Assim sendo, conseguem resultados mesmo quando o mercado internacional, que regula os preços, força o valor para baixo. A mesma metodologia pode ser observada na costa oeste dos Estados Unidos, onde o preço é praticamente a metade do valor pago na Flórida, sem deixar de conseguir resultados econômicos melhores.

No momento atual, se torna imprescindível trabalhar no sentido da verdadeira tecnificação adotada em todo o mundo desenvolvido como referência para a obtenção de resultados positivos. Duvidar é permanecer no passado, onde as

* Dólar em 02.01.1998 cotado a R$ 1,1160.

reclamações eram ouvidas pelo governo que contribuía com preços e margens maiores, de tempos em tempos. As expectativas de ajuste pelo mercado são difíceis de serem ouvidas por contradizerem leis naturais, difíceis de serem modificadas. Eleger o técnico como um dos responsáveis pelo que está ocorrendo é, na pior das hipóteses, procurar encobrir a incapacidade na condução da atividade leiteira.

LIQUIDAÇÃO DOS PLANTÉIS LEITEIROS

REVISTA BALDE BRANCO - Nº 404 - JUNHO DE 1998

Todos os anos, na época da formação de cotas, aparecem as liquidações de plantéis, ocasião em que algumas fazendas são totalmente desmanteladas, com a venda de animais, equipamentos, implementos e tudo que existir relacionado com a atividade leiteira. Esses acontecimentos provocam em muitas pessoas a certeza de que o setor vai muito mal, que foi iniciada a redução de fazendas leiteiras e que algo precisa ser feito para reverter a situação. Aproveitando o momento, fazem uma análise pessimista, argumentando que o país necessita urgentemente de uma política clara, definida e compatível com as necessidades dos produtores. Enquanto tudo isso acontece, o dono da propriedade, que tomou a decisão de se ver livre da atividade que exercia por vários anos, sente um grande alívio de acabar com algo que vinha incomodando-o e que não tinha mais esperança de modificar com o correr do tempo.

A falta de esperança e de perspectivas são os fatores que acabam contribuindo para a tomada de decisões drásticas com relação ao abandono da atividade, trazendo certo sentimento de frustração pelo desaparecimento de algo que trouxe no passado um sentimento de euforia e certeza de resultados positivos. Um fato interessante a ser caracterizado nas liquidações de plantéis é que, na maioria dos casos, os produtores não possuem uma longa tradição na atividade, e é muito difícil ver um acontecimento dessa natureza ocorrer em fazendas tradicionais, que atuam por períodos muito longos de tempo, a não ser que, com a morte do patriarca, os herdeiros decidam acabar com a produção de leite. Geralmente, nessa situação, os proprietários tem um apego sentimental muito grande às vacas leiteiras e uma visão diferenciada, que os levam a analisar o setor num longo período, e não se deixam abater por problemas momentâneos, que muitas vezes são revertidos em pouco tempo. Na realidade, entendem que problemas são cíclicos e ocorrem em qualquer atividade econômica que se estabelece dentro ou fora da agricultura. Os produtores com essa visão conseguem contabilizar o que já foi conseguido com o leite e procuram evoluir esperando a volta de dias ou épocas melhores, incrementam a venda de gado para melhorar a receita, e muitas vezes procuram evoluir para sistemas mais eficientes e compatíveis com a realidade do momento e da situação que se desenrola, provocada por uma crise.

Para quem faz uma análise mais detalhada e atenta, o significado das liquidações de plantéis pode ter outro sentido, pois o que foi vendido no leilão poderá ir para fazendas tradicionais, ou então, para o estabelecimento de outras fazendas que estão se adaptando para o início da produção leiteira. O problema poderia realmente ser sério, se ninguém se interessasse pelo plantel, que tomaria, então, o destino dos matadouros.

Na realidade, a saída de um produtor pode resultar, muitas vezes, no início de novas fazendas, contribuindo assim para a tendência histórica de aumento no número de produtores no país. Apesar de existirem opiniões de que, muito em breve, começará a haver redução no número de vendedores de leite, a expansão horizontal é, hoje, uma realidade. A existência de pequenas fábricas de queijo, a entrega de leite quente e novas linhas de coleta são fatos inquestionáveis nos dias atuais. É possível, mas pouco provável, que num futuro próximo, mudanças na legislação, na fiscalização e nos conceitos gerais possam reverter a tendência da entrada de novos produtores e venham acabar com o chamado leite informal, que contribui decisivamente para a ampliação de novas áreas de produção e captação de produto de baixa qualidade para o mercado consumidor.

O motivo real do fechamento de algumas fazendas jamais será conhecido. Pode ser que a mudança seja motivada simplesmente pelo desejo de se tentar outras atividades agrícolas, mas pode-se especular que deficiências técnicas, administrativas ou financeiras levaram o fazendeiro a tomar uma decisão drástica. As dificuldades de condução da atividade são claras quando a região não é favorável, por causa do relevo acidentado, mercado restrito para o produto ou mesmo condições climáticas adversas. Investimentos exagerados em recursos não produtivos, adoção de falsas tecnologias ou mão de obra despreparada são fatores que também acabam desmantelando a perspectiva de sucesso. É também bastante provável que índices de produtividade capazes de garantir eficiência e rentabilidade não sejam alcançados pelos administradores. Durante os leilões são apresentados valores de lactações encerradas, pedigree e, algumas vezes, classificação pelo tipo, informações que não contribuem para o entendimento do que aconteceu na fazenda.

MAIS UM PRODUTOR DE LEITE

REVISTA BALDE BRANCO - Nº 408 - OUTUBRO DE 1998

Em quase todas as análises feitas ultimamente sobre o futuro do setor leiteiro do Brasil, existe a expectativa de redução no número de produtores, com o provável desaparecimento dos pequenos. As justificativas para a previsão são baseadas no fato de que essa tendência esteve sempre presente no desenvolvimento da atividade em outros países, na impossibilidade de operacionalizar coleta a granel e nas dificuldades e custos de captação quando o setor é pulverizado, esparramado.

Entretanto, uma observação mais detalhada poderá indicar que o número de produtores está aumentando e que grande parte dos novos poderia ser incluída na categoria pequeno, pelo baixo volume produzido e pelas práticas empregadas. A mídia tem relatado que nos assentamentos de reforma agrária, por exemplo, parece existir uma preferência generalizada pela extração de leite, fato também observado em algumas fronteiras agrícolas. A expansão horizontal do leite no território nacional é inegável, tanto que os cerrados são encarados como regiões típicas de produção atualmente.

Iniciar a produção de leite no país é muito simples, já que não existem, como em outras regiões, normas, critérios ou exigências para o estabelecimento da atividade. Havendo uma linha de coleta e procura pelo produto, estão criadas as condições básicas para o surgimento de produtores. Em áreas onde não existem laticínios regularmente estabelecidos, as queijarias e as pequenas indústrias caseiras não inspecionadas, que utilizam o leite como matéria prima, se encarregam de estruturar o setor, fato que concorre para a contínua expansão da atividade e para aumentar, na estatística oficial, o chamado leite ilegal ou clandestino, que segundo estimativas, perfaz cerca de 50% do total. Geralmente, os produtores envolvidos nessa atividade não são especializados, extraem leite de vacas sem aptidão leiteira, e o produto, ordenhado à mão, é transportado quente, caracterizando um processo primitivo e rudimentar, em que a qualidade do leite deixa muito a desejar.

Recentemente surgiu mais uma fazenda produtora de leite na bacia leiteira do Sul do Estado de Minas Gerais, uma região tradicional, que vem enfrentando problemas na manutenção dos rebanhos especializados, em propriedades montadas especificamente para a pecuária leiteira. O novo entregador de leite foi, no passado, produtor especializado, desistindo de atuar no setor por uma série de motivos, relacionados ou não com a complexa e difícil tarefa de produzir leite. Passou, então, a criar gado de corte por exigir menos trabalho e oferecer maior flexibilidade nas decisões administrativas. Como as vacas, com sangue europeu, apresentavam visivelmente excesso de leite no início da criação dos bezerros, o fazendeiro descobriu que poderia extrair um pouco, em uma ordenha, e com a quantidade produzida ser capaz de pagar a mão de obra da fazenda. Nesse tipo de atividade se produz leite com custo 'zero', pois o vaqueiro, normalmente ocioso em fazendas de gado de corte, pode executar facilmente a nova tarefa e nada muda na propriedade, nem aparecem gastos adicionais. Como na região existem linhas de coleta, foi fácil iniciar a atividade no início da entressafra e, nessa situação, os problemas de cota e preço são irrelevantes, por ser o leite um subproduto e não o objetivo principal da fazenda. O importante, na realidade, é a simples colocação do produto, fato que pode explicar acontecimentos aparentemente incompreensíveis, como elevação da produção em épocas de preços comprimidos. Pode também justificar a ideia de que para alguns o leite é sempre um bom negócio, criando novas perspectivas sem a pressão de se preocupar com a economia do processo.

O aparecimento e a sedimentação dos tiradores de leite acabam criando uma estrutura de produção problemática, já que concorrem no mercado com os produtores mais especializados. Adquirem também uma força muito grande, como consequência do número elevado e do volume significativo em regiões onde o setor está se estabelecendo. Havendo 'excesso' de leite, a oferta proveniente dos chamados extratores afetará o mercado dos produtores que exploram o produto com objetivos econômicos. Por outro lado, para o produtor não especializado, as oscilações de mercado serão sempre reclamadas, mas não afetarão o desenrolar de uma atividade que não é o objetivo principal da fazenda. Assim, acabam sendo pouco afetados pela conjuntura, e o produtor especializado, perplexo, passa a considerar o futuro incerto para a atividade leiteira.

LEITE COMO NEGÓCIO

REVISTA BALDE BRANCO - Nº 416 - JUNHO DE 1999

Certa vez, um grupo de produtores e de técnicos brasileiros foi aos Estados Unidos para conhecer o setor leiteiro de um país de pecuária evoluída. A expectativa e a curiosidade eram grandes e na primeira fazenda visitada, depois de ouvir o relato sobre o rebanho, a produtividade, as metas a serem alcançadas e o lucro, um dos brasileiros indagou se o leite ali era bom negócio. O produtor surpreso e sem entender bem o sentido da pergunta respondeu: *"Se não fosse, eu não estaria trabalhando, pois produzir leite é um negócio como outro qualquer, e eu vivo disso"*.

Infelizmente essa postura nem sempre é encontrada no Brasil, onde, muitas vezes, se ouve o produtor argumentar que só continua porque gosta da atividade, dando a entender que se trata de um mero passatempo. É também fato comum o fazendeiro não elaborar planilhas de custo e, mesmo assim, reclamar que a atividade não é boa. Os prejuízos operacionais são invariavelmente, atribuídos ao preço baixo do produto mesmo sem uma análise detalhada do que realmente está acontecendo na fazenda.

Quando estudos econômicos da atividade são realizados, nem sempre se consideram os índices de produtividade nem o potencial dos fatores produtivos, que poderiam talvez explicar o sucesso ou o fracasso do empreendimento. Por isso, se torna imperativo que estudos econômicos e zootécnicos sejam realizados em conjunto para se ter uma ideia mais realista do que está acontecendo nas fazendas produtoras e para que no país o leite também possa ser considerado um negócio. Dentro dessa concepção, as análises já realizadas de sistemas que usam o pastejo rotativo como base da alimentação volumosa dos rebanhos, foram caracterizadas, como era de se esperar, com resultados negativos e positivos.

Detectaram-se, em várias fazendas, investimentos exagerados em relação à produção e à renda bruta, o que colaborou para inviabilizar a atividade que também revelava índices baixos de produtividade dos fatores terra, rebanho e mão de obra. Constataram-se casos em que na planilha de custo a remuneração do capital correspondia por volta de 15% da renda bruta e a mão de obra a 30%. Com grande frequência, o potencial do empreendimento não era conhecido, e por isso, trabalhava-se num patamar muito baixo de eficiência e capacidade produtiva, se tornando difícil operacionalizar a atividade. Por outro lado, resultados surpreendentes foram detectados com custo total de R$ 0,20* para um produtor que recebia R$ 0,25 por litro de leite. A margem de R$ 0,05 por litro possibilitou um lucro médio de R$ 3.353,00 por mês, numa fazenda de 85 vacas e 58 hectares, isso, porque o empresário era capaz de administrar bem os recursos produtivos e a operação como um todo.

Estudos em outras localidades também revelaram um quadro favorável, pois, custos de R$ 0,17 a R$ 0,25 por litro resultaram em rendas líquidas de R$

---

* Dólar cotado em 01.06.1999 a R$ 1,7330.

49.000,00 a R$ 54.000,00 por ano, em fazendas de porte médio com boa administração e índices de produtividade compatíveis com o sistema adotado. Em todos os casos, os técnicos que acompanhavam o estudo procuraram observar como eram manipulados os recursos produtivos e se o potencial estava sendo considerado na avaliação do sistema empregado.

Ficou bem caracterizada a importância da assistência técnica para orientar a tomada de decisões e, sobretudo, intensificar o uso do solo, do rebanho e da mão de obra e para impedir investimentos em atividades que não iriam contribuir para a renda bruta, mas, sim, colaborar para a elevação dos custos. O aproveitamento de recursos existentes e indevidamente explorados seria outra colaboração valiosa para a sedimentação do conceito de que leite é um negócio como outro qualquer.

Os estudos analíticos propostos não teriam sentido em propriedades onde a atividade se caracteriza como uma simples extração de leite de rebanhos com todas as características de gado de corte, porque nessa situação a produção não é planejada e não tem uma conotação empresarial, apesar de apresentar, algumas vezes, uma contribuição muito importante para a renda de famílias que vivem à margem da pobreza. Também não faria sentido analisar as fazendas de fim de semana, onde investimentos consideráveis são feitos em recursos não produtivos, e a atividade também não possui uma conotação empresarial, sendo na realidade um capricho de pessoas urbanas, desvinculadas do setor, que procuram fazer tudo certinho de maneira errada.

O entendimento real da situação do leite no país dependerá de estudos conduzidos em propriedades leiteiras que investem no setor e procuram tecnificar a atividade, administrando os recursos produtivos com o objetivo de lucro por um negócio considerado no mundo todo como bom.

LEITE E POBREZA

REVISTA BALDE BRANCO - Nº 417 - JULHO DE 1999

É inquestionável a importância econômica do setor leiteiro dentro do agronegócio no Brasil. O leite sempre ocupou posição de destaque entre os principais produtos formadores da renda bruta da agricultura e, considerando o sistema agroindustrial, sua importância passa a ser também evidente nas comunidades urbanas, já que se constitui em matéria prima para indústrias químicas e de alimentos.

O volume de dinheiro movimentado pelo setor é de tal magnitude em determinados Estados brasileiros, que governadores considerados populistas não concordaram com a retirada do ICMS (Imposto sobre Circulação de Mercadorias e Prestação de Serviços) que incide sobre um alimento considerado insubstituível para a humanidade. Sob o ponto de vista social, o sistema agroindustrial possibilita um grande número de empregos tanto no campo como nas cidades, e oferece alimentos relativamente baratos, de alto valor nutritivo e muito apreciados pelo ser humano.

O interessante é que, apesar dos fatos apontados, a produção de leite é muitas vezes relacionada com a pobreza no meio rural de determinadas regiões do país. As antigas bacias leiteiras de São Paulo e Rio de Janeiro são exemplos característicos, porque estão localizadas em áreas montanhosas, onde, realmente, o tempo parece ter parado, e a falta de perspectivas é evidente. Geralmente o leite é a principal, senão a única, atividade, e dificilmente são encontradas glebas cultivadas, a não ser em escala de subsistência. As práticas agrícolas e de criação de animais são tradicionais, não se conhece, nem se adota tecnologia, e os pequenos produtores vivem à margem da pobreza. Os pastos degradados e sujos, a baixa capacidade de lotação, o gado feio e magro e o aspecto de abandono conferem à região uma paisagem triste e vazia.

O leite entrou naquelas regiões, outrora ricas e prósperas, para substituir o café, que cultivado de maneira imprópria, com conceitos meramente extrativistas, exauriu o solo e teve de se mudar em busca da fertilidade natural em outras paragens. O que restou não oferecia condições, na época, para o estabelecimento de outras atividades agrícolas, seja pela baixa fertilidade ou por limitações impostas pelo relevo acidentado. Para agravar a situação, as glebas que vinham sendo exploradas por um longo período foram então subdivididas por herança em famílias numerosas. Com isso, passou a haver predominância de pequenas propriedades, difíceis de serem exploradas economicamente.

Então, a única atividade possível de ser implementada foi a criação de gado Zebu, rústico e capaz de se adaptar a longas caminhadas pelos morros à procura de capim escasso e de baixo valor nutritivo. A exploração de bovinos para cria é considerada no mundo todo como atividade de baixa eficiência, porque a única fonte de receita é o bezerro e, nessas condições, os problemas de reprodução irregular, mortalidade alta e crescimento muito lento criam dificuldades para uma atividade de subsistência. Por esse motivo, o leite passou a ser produzido, com gado azebuado, ou com mestiços de raças leiteiras, mas a atividade sempre mantinha características de exploração de gado de corte, ou seja, utilizava animais de baixa persistência, criava o bezerro ao pé da vaca, a reprodução era aleatória e a produção estacional, não programada. De atividade secundária, a produção de leite assumiu papel importante para a economia regional, apesar da pequena escala que não possibilitava recursos para investimentos.

O conceito, outrora generalizado de que onde existe vaca aparece a pobreza, passou a ser cada vez menos considerado quando a produção de leite migrou para as regiões planas do cerrado, apesar de serem as condições de estabelecimento semelhantes, ou seja, iniciou-se com a exploração de gado de corte em terras de baixa fertilidade. Entretanto, existia um grande potencial agrícola em glebas maiores e, sobretudo, disposição de fazendeiros em aceitar novos conceitos. Com isso, a atividade leiteira de subsistência perdeu significado, e surgiram fazendas maiores, onde a venda do leite passou a ter outro significado econômico.

Sob o ponto de vista de quantidade de leite coletado no setor formal, as pequenas fazendas típicas do processo extrativo perderam a posição que ocupavam no passado. Com as exigências de granelização e eliminação de postos de coleta, os produtores tradicionais são empurrados para o setor informal, criando instabilidade e problemas para os especializados. Seria importante reconhecer os problemas socioeconômicos dos pequenos produtores das regiões montanhosas e tentar direcioná-los para outras atividades que poderiam substituir, talvez com vantagem, a simples extração de leite, que não oferece muitas perspectivas para o futuro.

O ENIGMA DO LEITE

REVISTA BALDE BRANCO - Nº 425 - MARÇO DE 2000

Recentemente um periódico destinado a divulgar fatos e coisas relacionadas com a agricultura apresentou dois artigos revelando a grande insatisfação de produtores com a atividade leiteira e, ao mesmo tempo, outro no qual o fazendeiro se mostrava satisfeito com o negócio. Esta aparente incoerência tem sido uma constante, e aparece também nas liquidações de planteis, onde a insatisfação do proprietário é usada para justificar a venda dos animais e a desativação da fazenda, e mesmo assim, atrai compradores que disputam os animais com o objetivo de continuar na produção leiteira.

Não dá para entender porque muitos produtores afirmam que o leite sempre deu prejuízo e, mesmo assim, continuam no processo produtivo, quando a lógica indicaria a procura de outras atividades para obtenção de bons resultados econômicos. O enigma do leite no Brasil fica mais difícil de ser desvendado quando se constata que o eminente colapso do setor sempre foi anunciado, mas, na realidade, o que houve foi um crescimento muito significativo nas últimas décadas, com o aparecimento de novos polos de produção em áreas onde a pecuária leiteira nunca teve no passado, condições de estabelecimento.

Esses fatos contraditórios são agravados pelas análises sobre economia de produção leiteira, pois resultados muito discrepantes são apresentados em estudos ou informações divulgadas pela mídia. Como seria de se esperar em qualquer atividade econômica, os custos estimados para a produção são muito diferentes de fazenda para fazenda, mas, no setor leiteiro, o fato tem sido motivo de discussões intermináveis e levantamento de dúvidas sobre a seriedade de estudos realizados sobre o tema. Em vez de estimular a curiosidade e a análise do que causa a diferença, o tema provoca, muitas vezes, revolta e descrédito.

Recentemente um produtor insatisfeito com a atividade declarou que 'toda vez que especialistas apresentarem custos de produção para produtores eficientes completamente fora da realidade das fazendas, é preciso reagir mostrando os custos reais'. Essa informação é muito interessante, porque se tem divulgado que ações de especialistas foram capazes de mudar de maneira radical a economia de produção de muitas fazendas leiteiras, através de racionalização e mudanças na concepção de uso de recursos produtivos. Com toda polêmica existente e informações muito discrepantes, fica realmente difícil saber se produzir leite pode ou não ser uma atividade viável sob o ponto de vista econômico.

Para agravar ainda mais o amontoado de dúvidas sobre a produção de leite no país, a atividade sempre teve fama de não ser um bom negócio e apesar disso nunca foi desprezada. Informações desfavoráveis são apresentadas em novelas, revistas, conversas informais, artigos de jornais e, até mesmo, os habitantes das grandes cidades que nunca estiveram em uma fazenda leiteira são capazes de dizer que o leite não é um bom negócio. Apesar de toda a propaganda contrária, fica difícil entender porque novos produtores continuam surgindo e porque proprietários de fazendas sempre pensam em produzir um leitinho, se existir coleta na região.

Quando se ouve na televisão entrevistas com os aspirantes ao prêmio máximo das loterias, é comum a declaração de que parte do dinheiro seria aplicada em uma fazenda com vaquinhas de leite. Qual a razão da escolha de uma atividade duvidosa, se não existe, hoje, nenhum incentivo ou linha de crédito especial para a atividade? É fácil entender que na época do crédito subsidiado e farto, muitos fazendeiros foram atraídos pela oportunidade, mas, hoje, existe somente vontade própria, com investimentos significativos. Muitas vezes, se fala que pessoas sem experiência, que nunca enfrentaram o problema entram com entusiasmo na atividade, mas acabam se arrependendo em pouco tempo. Esses acontecimentos, sempre bem difundidos, não deveriam servir de alerta para os que estão planejando iniciar uma fazenda leiteira?

O enigma da produção de leite no país precisa ser elucidado, pois existe há muito tempo e cria descrédito e menosprezo da atividade. Estudos já publicados não oferecem elementos para responder às várias contradições caracterizadas e, por isso, talvez seja imperativo introduzir um levantamento socioeconômico, tentando caracterizar aspectos culturais, sociais, econômicos e, até mesmo, políticos, que possam auxiliar no entendimento das razões que levam uma atividade tão mal afamada continuar crescendo e despertar o interesse tanto de empresários urbanos quanto de produtores rurais bem sucedidos, que poderiam trabalhar em outros ramos do setor agrícola e nem sempre abandonam a atividade apesar de todas as dificuldades e problemas.

VONTADE DE PARAR

REVISTA BALDE BRANCO - Nº 427 - MAIO DE 2000

Nos últimos cinquenta anos, nos países de pecuária evoluída, um número muito grande de fazendeiros deixou de produzir leite. Os pequenos produtores abandonaram a atividade porque, com o desenvolvimento econômico, surgiram nos centros urbanos oportunidades de trabalho, garantindo ganhos superiores aos que eram capazes de auferir produzindo pouco leite. Alguns não conseguiam resultados satisfatórios e também deixaram o setor.

Fazendas foram vendidas e incorporadas a outras que tinham como objetivo continuar produzindo, e, para isso, precisavam aumentar a escala e se adaptar às novas realidades de um setor que se modernizava rapidamente. Alguns rebanhos de boa qualidade foram transferidos para outras fazendas, mas a maioria foi enviada para abate. Inúmeras propriedades passaram a ser utilizadas como hotel de cavalos pertencentes aos habitantes das cidades, outras como produtoras de feno, de hortaliças, de frutas, etc., pois, os donos podiam associar a nova atividade com a que exerciam nos centros urbanos.

Alguns casos foram de paralisação traumática, pois os produtores não queriam interromper uma atividade familiar de três ou quatro gerações, mas foram obrigados por contingências alheias à vontade. Foi, por exemplo, o caso de uma família inglesa, cujo filho único decidiu trabalhar na cidade, e os pais velhos não tinham mais condições de tocar a fazenda leiteira. O fato foi apresentado com emoção e lágrimas, pois todos os animais seriam enviados para o abate, e as terras ocupadas com o cultivo de grãos. Em qualquer circunstância, fechar uma fazenda leiteira não é fácil. Existem relatos de problemas psicológicos, depressão, complexo de incapacidade e desajuste em outras atividades. Afinal, encerra-se com a atitude, um estilo de vida e de trabalho e, muitas vezes, o sonho de uma existência.

No Brasil, o abandono da atividade leiteira segue um curso diferente, pois, os pequenos produtores que vivem à margem da subsistência, não estão abandonando a produção leiteira por falta de opção de trabalho ou de substituição por outra atividade agrícola e, sobretudo, por não serem alijados do mercado pelo crescimento do setor informal. Além disso, a produção extrativa não exige investimentos nem conhecimento técnico, sendo, por isso, bastante atrativa e difundida, garantindo um acréscimo importante para a renda familiar. Por esses motivos, a tendência observada nos países de pecuária evoluída de redução no número de pequenos produtores está longe de se tornar realidade no país, e o que está acontecendo é o abandono ou a vontade de encerrar a produção leiteira por parte de alguns que tentaram estabelecer fazendas mais especializadas, e não conseguiram alcançar os resultados esperados.

Quando a decisão é tomada e implementada, se nota um sentimento de alívio no estabelecimento de outra atividade. Entretanto, alguns entraves podem dificultar a definição porque, no Brasil, a fazenda nem sempre é a única fonte de renda, os investimentos são grandes e recentes, e as terras podem estar localizadas em áreas sem aptidão agrícola ou não possuem dimensão apropriada à criação de gado de corte. A indecisão pode, então, estabelecer um caminho que tentará, através de medidas paliativas, protelar a decisão inevitável.

De início, o descontentamento vai sendo estimulado pela mídia e por outros produtores e, quando vem a vontade de parar, surge sempre a dúvida do que fazer com as instalações e os equipamentos, mas o impasse se estabelece quando fica claro que o preço de mercado dos animais não corresponde às expectativas. Nem sempre podem ser caracterizadas alternativas viáveis para a fazenda e, se isso acontecer, surge o desânimo, que leva a uma fase de estagnação e tomada de decisões difíceis de serem entendidas. Na maioria dos casos, a primeira é a de colocar touro Zebu na vacada, visando à volta ao gado não especializado.

Essa atitude parece trazer, não se sabe por que, uma espécie de alívio, mas não irá alterar a situação atual, e os resultados só podem ser mensurados de três a quatro anos depois, quando as novilhas completarem a primeira lactação. Medidas complementares de mudanças no manejo podem levar a alterações nos índices reprodutivos com reflexos bem definidos na capacidade produtiva da fazenda. A redução da produção leva a uma renda bruta menor, e os problemas não são solucionados ou podem ser agravados.

O produtor que deixar de produzir leite deveria analisar, em detalhes, as razões do descontentamento para a tomada de uma decisão, que não passasse pela incômoda situação de continuar desanimado, o que leva a um sentimento de revolta e insatisfação, que não traz benefícios à sua empresa nem ao setor leiteiro do país.

DESATIVAÇÃO DE FAZENDAS LEITEIRAS

REVISTA BALDE BRANCO - Nº 433 - NOVEMBRO DE 2000

A fazenda leiteira estabelecida numa das regiões tradicionais do centro-norte dos Estados Unidos estava para ser desativada porque os resultados obtidos não eram considerados bons pelo proprietário. Por esse motivo, a visita de um técnico brasileiro ao local foi programada para enfatizar alguns problemas que levaram ao insucesso, como baixa produtividade, investimentos pesados em recursos não produtivos, problemas na produção de alimentos, manejo falho dos animais, ordenha malfeita e mortalidade alta de bezerros por uso de instalações inadequadas. A indignação do produtor, após a análise crítica feita pelo técnico americano foi de tal magnitude, que resultou na expulsão dos visitantes, com ameaças de agressão física.

Esse acontecimento, vivido no início dos anos de 1980, mostra que a verdade pode machucar e que é muito difícil admitir erros cometidos inconscientemente. O fazendeiro saiu da atividade algum tempo depois porque tinha certeza de que poderia ganhar mais dinheiro com outros negócios, opinião contestada por um de seus vizinhos que considerava a produção de leite como a melhor opção para aquela região e, muito satisfeito, mostrava seu rebanho de alta produtividade, instalações e equipamentos muito simples, manejo adequado e investimentos orientados para os recursos produtivos.

De maneira semelhante à descrita anteriormente, a visita de um técnico americano a uma fazenda brasileira planejada para produzir de 2.000 a 3.000 litros por dia, com incorporação da chamada tecnologia moderna, foi programada porque o produtor também não estava muito satisfeito com a atividade. Após a verificação cuidadosa dos fatores produtivos, incluindo uma inspeção de madrugada na atividade de ordenha, nas áreas de produção e na qualidade do volumoso, a sugestão oferecida, depois de uma longa conversa, foi para a desativação imediata da atividade. A reação do fazendeiro não foi de indignação, tanto que o jantar ocorreu em clima de confraternização, pois a opinião do americano foi atribuída ao desconhecimento da realidade do Brasil.

Desconsiderou-se assim a afirmação de que as terras não tinham vocação agrícola, que as instalações estavam prejudicando a saúde e o manejo, que o volumoso de baixa qualidade requeria o uso excessivo de concentrados, que a mão de obra era desqualificada, que a produtividade do rebanho (não a produção por vaca) era muito baixa e que os investimentos feitos em recursos não produtivos, jamais seriam pagos e oneravam o custo de produção. Alguns anos depois, a produção foi finalmente desativada, mas com a argumentação de que não era viável a produção de leite no país.

Ao que tudo indica, a verdade nem sempre causa indignação, mas, certamente, não é aceita por falta de uma visão crítica, contrária à crença de que o melhor estava sendo feito, numa fazenda considerada moderna, com um rebanho de qualidade controlado por computadores, conduzida por um capataz de larga experiência e confiança e, além de tudo, localizada em uma região tradicional da atividade leiteira onde existe mercado para leite e reprodutores.

O problema de fazendas que apresentam dificuldades técnicas, administrativas e financeiras não é exclusivo de sistemas de produção ou localização geográfica, mas sim de condições desfavoráveis existentes na propriedade, que não são devidamente caracterizadas, analisadas e resolvidas. A ideia generalizada de que investimentos vultosos em instalações, animais, equipamentos de ordenha, máquinas e implementos são pré-requisitos indispensáveis para o sucesso de propriedades leiteiras no Brasil e no exterior, é falsa e pode concorrer para que os problemas reais sejam deixados de lado.

Frequentemente, o planejamento é realizado tomando como modelo fazendas que não apresentam condições favoráveis, e com isso, as dificuldades são perpetuadas, sendo muitas vezes de difícil solução. Sem dúvida, administração inadequada também não tem pátria, sendo decorrente da incapacidade de reconhecer, analisar e resolver os entraves ou as limitações existentes. Quando a fazenda é estabelecida em um local unanimemente reconhecido como totalmente inadequado para a atividade leiteira, nem mesmo investimentos de grande vulto são capazes de solucionar as dificuldades de produção, mesmo que a aparência da fazenda de confinamento seja moderna e suntuosa. A manipulação correta dos fatores produtivos, o uso de mão de obra capacitada, o controle dos custos e a eliminação de investimentos em recursos não produtivos são, na realidade, os fatores essenciais para a exploração racional de vacas para a produção de leite em qualquer lugar do mundo ou em qualquer sistema de produção.

A VOLTA DO VELHO PROBLEMA

REVISTA BALDE BRANCO - Nº 434 - DEZEMBRO DE 2000

A escassez fez com que o preço pago pelo leite tivesse no meio do ano 2000 uma elevação considerável, trazendo de novo ao setor estímulo e esperança de dias melhores. Uma série de fatores internos e externos fez com que a lei da oferta e da procura mais uma vez mostrasse sua eficácia, levando inclusive ao reaparecimento do leilão para a obtenção de preços mais significativos.

Notícias veiculadas pela mídia, por analistas do setor e eficazmente passadas de boca em boca por produtores nos tradicionais pontos de encontro das cidades do interior, certamente facilitaram a negociação de preços e a decisão de mudar a entrega do leite para quem pagasse melhor. Tudo parecia favorável até que as chuvas inesperadamente precoces da primavera revelassem que os problemas estruturais da produção de leite no Brasil ainda estavam vivos, apesar das avaliações de que setor está passando por profundas modificações. O leite que faltava apareceu repentinamente, e o mercado voltou a ser afetado pelos excedentes teóricos, influenciado também pelo consumo retraído de produtos lácteos, por algumas importações e pela tendência de redução no preço do leite longa vida, que hoje tem grande influência sobre o valor pago ao produtor.

O aumento de produção pelos pequenos extratores e a retirada de leite de gado de corte pelo estímulo do preço perturbaram o mercado e, mais uma vez, impediram a tão almejada estabilidade, com alterações de preços mais fáceis de serem absorvidas pelo setor produtivo e condições adequadas para o planejamento industrial. A produção estava latente, à espera de condições climáticas e preços favoráveis para novamente voltar a mostrar a sua presença.

Durante o episódio recente de escassez de leite, ficou bastante evidente um fato que tem passado despercebido das análises feitas sobre o setor leiteiro e que mostra a possibilidade de os extratores continuarem a interferir decisivamente no mercado. Ocorreu de maneira mais acentuada a venda de leite resfriado por laticínios, que coletam leite quente na beira da estrada, para empresas que fizeram programas bem sucedidos de granelização. Assim sendo, pequenas cooperativas esparramadas pelo interior do país e laticínios familiares que utilizam as conhecidas linhas de leite passaram a ser fornecedores importantes para o preenchimento de uma demanda mais ou menos constante de matéria prima.

Uma análise, mesmo superficial do perfil dos produtores dessas empresas, irá revelar que podem ser caracterizados como extratores, pois não usam tecnologia, revelam índices baixos de produtividade, e o leite ordenhado à mão, muitas vezes em currais abertos, é de baixa qualidade e tipicamente estacional. Dentro desse contexto antigo e persistente, os produtores de leite informal, que na maioria dos casos são também extratores, podem fazer parte do mercado formal, pois a qualquer momento se transformam em fornecedores, devido ao preço mais elevado do produto e à abertura de novas linhas para aumento da captação.

Por ocasião da escassez, não existe o pagamento reduzido pelo excesso, o que estimula o extrator de gado de corte, que é sempre oportunista e tem mercado garantido. Esse cenário permanece imutável, sendo característico de problemas estruturais e, sobretudo, socioeconômicos do meio rural. Como tem sido comentado há longo tempo, o processo extrativo de leite é muito atrativo para produtores rurais que não conseguem absorver tecnologia nem programar outras atividades para a fazenda.

Além desses aspectos, historicamente a pecuária leiteira na região Sudeste do Brasil está localizada em regiões montanhosas, onde culturas de plantas anuais são difíceis de serem implantadas. Na região dos cerrados, apesar do relevo favorável, a fertilidade do solo dificulta o cultivo sem tecnologia, e mais uma vez a pecuária de leite passa a ser a única opção para as propriedades consideradas pequenas. Com a produção de leite existe uma renda mensal que contribui para o sustento da família em nível de subsistência, com a convicção de custo 'zero' e lucro na venda do bezerro.

Nos últimos anos, a influência do setor não especializado sobre o comércio de leite não foi muito nítida, pois importações, dificuldades climáticas na primavera e início de verão, preços pouco convidativos e esforço de granelização pelas maiores empresas compradoras de leite não revelaram evidências claras como as de agora. Entretanto, o problema permanece latente, e sua solução se manifesta sem previsão, afetando não só o produtor que vem procurando meios e caminhos para se especializar - e para isso precisa de certa estabilidade de preços - mas também o parque industrial, que enfrenta flutuações imprevisíveis na oferta de matéria prima no mercado.

DISCORDÂNCIAS SOBRE O LEITE INFORMAL

REVISTA BALDE BRANCO - Nº 435 - JANEIRO DE 2001

Todo mundo concorda que existe leite clandestino no Brasil, como nos outros países em desenvolvimento onde a economia informal tem importância socioeconômica. A presença de camelôs urbanos, por vezes encontrados nas portas das Secretarias da Fazenda, delegacias de polícia e tribunais, atesta a complexidade de se eliminar a economia informal, que garante a subsistência de famílias por falta de outras opções ou oferece ganhos sem muito esforço.

No campo, o leite informal contribui de maneira significativa para a renda familiar de pequenos agricultores (no sentido de produção de baixa escala) e, quase sempre, é a única opção para quem não quer, não consegue ou desconhece a possibilidade de aplicação de tecnologia. Na realidade não se trata de uma atividade ligada ao tamanho da propriedade, ao sistema de produção, à localização geográfica, à condição socioeconômica e cultural do produtor ou qualquer outra característica, mas, sim, de uma postura de comercialização ditada por interesses de preço ou falta de opção de venda para o mercado formal.

Os produtos informais são livremente comercializados em todo o país, apesar de proibidos por legislação, havendo preferência pelo produto fresco e puro da fazenda, apesar das fraudes esporadicamente relatadas. Recentemente, o jornal *O Globo* reproduziu uma notícia de 1950 sobre inspeções realizadas na capital do país (Rio de Janeiro, RJ), revelando muitos produtos informais impróprios para o consumo já naquela época, mas o fato parece não ter provocado repercussão.

Apreensões esporádicas dos produtos aparecem em destaque na mídia, mas, não solucionam o problema. Nas feiras livres, nos mercados municipais, nas padarias, nas pizzarias, nos bares, nos postos de gasolina, nas barracas ou nas lojas na beira das rodovias e em hotéis de bom padrão é possível identificar o produto sem origem. No final do milênio, numa visita a uma loja de produtos naturais no bairro de Copacabana na cidade do Rio de Janeiro, verificou-se que os principais produtos de venda eram derivados de leite sem inspeção.

As discussões sobre o leite informal não levantam dúvidas de sua existência, da evasão fiscal e dos riscos para a saúde humana, mas, sim, sobre o volume produzido e a interferência no mercado formal. As divergências ocorreram porque metodologias diferentes de análise e interpretação dos dados estatísticos publicados pelo IBGE (Instituto Brasileiro de Geografia e Estatística) levaram a resultados discrepantes. Leite não vendido e cálculo de autoconsumo foram os itens que provocaram as diferenças entre os estudos realizados, mas talvez a falta de interpretação desses termos seja o fato mais importante a ser considerado. No caso em que se estimou que o leite informal representava 15% do total, desconsiderou-se que os produtores informais vendem pouco leite fluido, comercializando derivados, principalmente queijo, e o autoconsumo calculado em 20% é irrealista, principalmente quando se atribui um consumo anual de 513 litros por membro da família, o que está muito acima do valor 'per capita' estimado em cerca de 130 a 150 litros por habitante por ano.

Nessa suposição, não foi sequer comentado que o consumo brasileiro, principalmente no meio rural, é muito baixo, devido ao hábito e ao fato de o leite ser fundamental para a formação da renda familiar. Corrigindo a metodologia, o autoconsumo passou a representar pouco menos que 3%, o que significa 250 a 300 litros, mas esses valores devem estar também superestimados. Surge então a dúvida do que seja autoconsumo. Estaria incluído nesse item o leite gasto também com a alimentação dos bezerros, leite desprezado por mastite, colostro, doação ao vizinho por serviços prestados, troca na aquisição de outros alimentos ou outros destinos não imaginados?

Levantamentos realizados em fazendas mais especializadas indicaram que, muitas vezes, do total de leite produzido, somente 70 a 80% eram comercializados, sendo a maior parte gasta na alimentação dos bezerros e desprezada por impossibilidade de venda ou consumo. Por todas as dúvidas sobre a interpretação dos fatos, não seria mais adequado alertar, com base nos cálculos mais realistas, que mais de 40% do total produzido no país não entram no mercado formal, o que é espantoso, independentemente das suposições sobre o seu destino?

Como ninguém conhece o mundo da informalidade trabalhando somente com dados estatísticos e especulando sobre a utilização do leite, não seria mais racional considerar algumas evidências que mostram que a produção é grande e tende a crescer se a nova legislação for implementada?

A questão crucial da informalidade não tem sido discutida: como acabar com o camelô de leite no país, pelo tamanho, pelo significado socioeconômico, pelas dificuldades para fiscalização, pelo impacto no mercado formal e, sobretudo, pelo o que acontecerá se desaparecer?

UMA MOEDA CHAMADA LEITE

REVISTA BALDE BRANCO - Nº 447 - JANEIRO DE 2002

A tradição faz com que toda avaliação econômica da atividade leiteira seja expressa em custos definidos em reais por litro produzido. Talvez isso ocorra porque, na época (final da década de 1980 e início da década de 1990) em que o governo estabelecia o preço ao produtor, as planilhas montadas para negociação eram também assim definidas. Esse critério não oferece oportunidade de se avaliar o que está acontecendo na fazenda, qual a eficiência do processo adotado e por que resultados favoráveis ou desfavoráveis são obtidos.

Como acontecia no passado, são números frios que podem ser manipulados, dependendo dos critérios adotados para o cálculo, servindo ainda para demonstrar que a atividade não é viável e assim solicitar reajustes periódicos dos preços pagos pelo produto. Na época das bem estruturadas negociações, a sistemática era válida, efetiva e sempre trazia resultado, mesmo que os valores não fossem os desejados, pelo simples fato de que a boa ou má vontade dos agentes governamentais estabelecia os valores a serem pagos pelo leite.

Com a liberação, não mais existe um preço mínimo imposto e aplicado, e o mercado passou a definir as regras do jogo. Portanto, seria aconselhável que novos critérios fossem adotados para avaliação do que ocorre na fazenda, mesmo que as análises fossem utilizadas somente para uso interno, em que a realidade dos fatos, e não a necessidade de demonstração de problemas deve prevalecer para que fracasso ou sucesso sejam caracterizados, analisados e solucionados.

Uma metodologia de avaliação econômica bastante empregada em outros países, que possibilita analisar também a eficiência da atividade, utiliza o leite como moeda para o pagamento dos custos. Sabe-se que, geralmente, a renda proveniente da venda de leite representa de 80 a 90% da receita nas fazendas de produção e, por esse motivo, a transformação da venda de animais em equivalente-leite criará a oportunidade de se avaliar os recursos disponíveis para pagamento dos custos da atividade como um todo.

Com essa concepção, se torna evidente o motivo porque não se considera, em nenhuma região evoluída, média de curral como índice de produtividade, por que os valores obtidos não caracterizam a capacidade do rebanho como um todo, de participar do esforço para a geração de 'moeda'. Torna-se, então, possível entender que cabe à vaca a tarefa de pagar as contas da fazenda, porque, além de produzir leite, também gera animais para reposição e venda.

O custo deve, então, ser transformado em litros por vaca e, concomitantemente, a avaliação da produção por vaca do rebanho por ano passa a ser importante para se ter uma ideia da eficiência do mesmo na geração de 'moeda' para pagamento dos custos. As análises feitas em fazendas brasileiras mostram que somente 50 a 70% das matrizes (todas as fêmeas que já deram cria) participam do processo produtivo, ao passo que nas propriedades bem administradas, os valores são de 83 a 86%.

Assim, pode-se ter uma ideia real do que se perde de receita por falhas no manejo, problemas de reprodução e, sobretudo, uso de vacas sem persistência de produção. Se for levado em consideração que somente a vaca em lactação, que para tanto já deu cria, gera renda, fica evidente a importância de se preocupar também com a estrutura do rebanho, pois todas as outras categorias de animais somente promovem gastos, sem participar do esforço para produzir 'moeda' na situação em que se encontram.

Um exemplo característico de desperdício é a criação de machos que mamam durante a ordenha, pois consomem de 500 a 600 litros e não conseguem pagar, se vendidos na desmama, o que gastaram de leite, que sem dúvida fará falta para os pagamentos a serem efetuados. O potencial de geração de recursos financeiros da fazenda é definido pelo número de vacas em lactação por hectare por ano, um índice que raramente é caracterizado em nosso meio, e define com precisão o uso de dois dos mais importantes fatores produtivos: a vaca que gera receita e o solo que fornece o suporte para a manutenção do rebanho produtivo e improdutivo, partícipes dos sistemas aqui utilizados.

A comparação de custos em R$ por litro geralmente concorre para aumentar o grau de insatisfação e o sentimento de incapacidade, sem revelar se a atividade apresenta em si alguns problemas a serem sanados. Por esse motivo, raramente, mesmo para dentro da porteira, somente para seu uso, o produtor consegue enxergar com clareza as razões dos resultados obtidos. Talvez, por esse motivo, sempre a culpa do insucesso é atribuída ao governo, ao comprador, ao preço dos insumos, à variação do dólar, etc. Dificilmente se encontra alguém que admita, para si mesmo, que o seu sistema de produção pode também ser parte integrante da dificuldade de produzir leite.

O BRASIL NO MUNDO DO LEITE

REVISTA BALDE BRANCO - Nº 453 - JULHO DE 2002

Dados recentemente publicados pela FAO (Organização das Nações Unidas para a Alimentação e a Agricultura) revelam que existe um grande déficit de leite no mundo, com uma disponibilidade de somente 96 kg por habitante por ano, considerando a produção total de todas as espécies animais. Este número poderia ser maior se fosse levado em consideração que éguas, jumentas, iaques e outras espécies exóticas também fornecem leite para populações em áreas remotas do Oriente, mas os valores não são computados, por se tratar de volume pequeno, ocorrências isoladas e hábitos alimentares típicos de determinados agrupamentos populacionais.

Estima-se, então, que do total de leite produzido no mundo as vacas fornecem 84,5%; os búfalos, 11,9%; as cabras, 2,1%; as ovelhas, 1,3% e os camelos, 0,2%. Os maiores produtores de leite de búfalo são Índia (66%), seguida por Paquistão, Egito e China. Os indianos também têm destaque na produção de leite de cabra (28%), vindo a seguir Bangladesh, Sudão e Paquistão. A China aparece como maior produtora de leite de ovelha (12%), seguida de Itália, Turquia e Grécia. O leite de camelo é consumido na África e países árabes e os maiores produtores são Somália (64%), Arábia Saudita, Mali e Emirados Árabes Unidos.

A importância da vaca, como fornecedora de alimento de reconhecido valor para o homem, pode ser atribuída ao fato de produzir quantidades elevadas, ter sido um dos primeiros animais domesticados e de ter tido um papel fundamental na expansão das populações para o hemisfério norte. Mas, mesmo assim, em 2001, a produção mundial de leite de bovinos possibilitou uma disponibilidade de somente 81 kg por habitante. Outro fato significativo é que os países considerados desenvolvidos produziram 69% do total, abrigando somente 22% da população mundial, fato indicativo de que existem excessos e faltas acentuadas.

Deve-se considerar que as regiões carentes, além de não serem capazes de produzir, também não possuem recursos para compra. Os que produzem quantidades significativas, como a Índia, que é a maior produtora considerando o leite de todas as espécies, e imensa população, tem disponibilidade também pequena, considerada insuficiente para fornecer alimentação saudável para crianças e idosos. A China, que congrega o maior contingente populacional, produz quantidades muito pequenas de leite de vaca e de outras espécies, e tem feito esforços para aumentar a disponibilidade.

O Brasil tem destaque no cenário mundial pela quantidade produzida, ocupando a sexta posição, ficando atrás dos Estados Unidos, Índia, Rússia, França e Alemanha. Chama atenção pelo número de vacas que produzem leite, pois possui o segundo rebanho (16 milhões), sendo ultrapassado somente pela Índia (37 milhões). A América do Sul produz 54% do leite e, considerando o continente americano, perde para o maior produtor mundial em quantidade, mas contribui com 32% do total.

Apesar dos números significativos, a disponibilidade teórica para os brasileiros é baixa, característica de regiões em desenvolvimento. Nos últimos 40 anos, a produção teve grande expansão, passando da 5,2 para 22,5 bilhões de kg por ano, o que possibilitou um incremento na disponibilidade de 80 para 127 kg por habitante por ano. Em termos percentuais, o aumento foi considerável, mas significa um avanço de somente 1,2 kg por ano no período considerado. Essa é uma característica dos países que não usam tecnologia, pois o pequeno crescimento da produção ocorre concomitantemente com o rápido aumento do rebanho e, assim, não existe possibilidade de melhorar a oferta de leite para a população. Como o poder aquisitivo e o consumo são baixos, a falta não é caracterizada, a ponto de se propor a exportação como forma de enxugar o mercado.

Outro fato significativo é que a contribuição da vaca média para o total de leite produzido no Brasil continua baixa, cerca de 1.407 kg por ano, valor próximo da média dos países em desenvolvimento. Existem afirmações de que o aumento percentual nos últimos 40 anos foi significativo (100%), mas o fato é que houve um incremento de somente 4,6 kg por vaca por dia, o que não indica melhoria. Poucos entendem o significado real do índice kg por vaca do rebanho por ano, que caracteriza a eficiência do uso de todas as vacas de um país para a produção.

Na realidade a vaca brasileira deve produzir cerca de 2.600 a 2.800 kg por lactação, mas problemas reprodutivos e persistência baixa reduzem a contribuição para o total de leite do país. Isto é típico de explorações extrativistas e, por esse motivo, não consegue sair do rol dos países de pecuária leiteira atrasada, fato que deve ser reconhecido e analisado para que não se considere que esteja ocorrendo evolução significativa no setor produtivo do Brasil, como tem sido afirmado nos últimos anos.

OS ESTRANGEIROS ESTÃO CHEGANDO

REVISTA BALDE BRANCO - Nº 456 - OUTUBRO DE 2002

Desde a época do descobrimento, o Brasil tem sido considerado um país com potencial para atividades agropecuárias por seu imenso território, sua diversidade de clima, solo e relevo. O desenvolvimento histórico da atividade leiteira não teve projeção, talvez devido ao fato de a colonização ter sido realizada por povos que não tinham tradição e baseada no modelo fundiário de grandes sesmarias, na monocultura para exportação e no trabalho escravo.

O modelo de agricultura familiar, característico dos habitantes do norte da Europa, transferido para o continente norte americano, serviu de base para o estabelecimento de fazendas leiteiras, que criaram sistemas de grande eficiência. A evolução da estrutura fundiária norte americana revela crescente concentração de área, com diminuição contínua de propriedades rurais. Na década de 1930 existiam cerca de 7 milhões de fazendas nos Estados Unidos da Améria, e no final do século XX menos de 1,8 milhão, mas persiste ainda o conceito de exploração familiar, pois o número de assalariados no meio rural é pequeno. No caso das fazendas leiteiras também se observa tendência de redução no número de propriedades, ampliação das áreas, elevação da produção por fazenda e manutenção da característica de atividade familiar, pois os donos e os membros da família continuam participando ativamente do trabalho rotineiro, mesmo nas grandes fazendas do oeste.

No Brasil, os conceitos de pecuária leiteira com trabalho familiar foram introduzidos com imigrantes das regiões com tradição leiteira da Europa, mas geralmente, em minifúndios localizados em regiões de solos e relevos inadequados. Apesar disso, algumas colônias tiveram destaque e criaram fama na atividade leiteira.

Existem comentários e evidências de que, recentemente, estrangeiros têm demonstrado interesse em instalar fazendas leiteiras no Brasil, depois de conhecer o potencial de algumas regiões com características muito favoráveis de clima, solo e relevo no Nordeste, no Centro-Oeste e no Sul. São atraídos também pela possibilidade do estabelecimento de unidades de grande porte, considerando o preço das terras, em função da desvalorização da moeda, custo da mão de obra e, algumas vezes, facilidades oferecidas por órgãos públicos municipais ou estaduais. É provável que vislumbrem, no futuro, um mercado consumidor de grande potencial, considerando a população, a produção pequena e as condições favoráveis para o crescimento econômico e a elevação da renda 'per capta'.

Existe também perspectiva de exportação de produtos diferenciados como, por exemplo, queijos produzidos com custos baixos para mercados mais exigentes no exterior, se o problema da qualidade da matéria prima for solucionado com produção suficiente para os objetivos propostos. De qualquer maneira, a imigração já foi desencadeada e produtores da Nova Zelândia, dos Estados Unidos, da Itália e talvez outros países, já compraram terras, e alguns iniciaram projetos ambiciosos para produção de leite, apesar da fama nada favorável do setor entre os produtores nacionais. O interessante é que a ênfase tem sido direcionada no sentido do potencial imenso dos pastos, ainda não explorado e de condições consideradas muito boas para a atividade.

Seria de grande utilidade para o País, se os conceitos de trabalho familiar fossem introduzidos em fazendas de grande porte, pois a ideia existente é de que o modelo funciona somente para pequenas propriedades. Por trabalho familiar subentende-se que o dono e os demais membros da família participam ativamente dos trabalhos rotineiros, mudando assim a importância da mão de obra assalariada. Por exemplo, um fazendeiro americano que visitou o Brasil e possui 500 vacas em lactação, comentou que durante 18 anos seguidos, quando o rebanho estava em crescimento, participou de todas as ordenhas, mas que agora seu filho assumiu a posição, trabalhando junto com pessoal contratado, sempre orientado e fiscalizado pelo dono.

Outra lição importante de um conceito diferenciado é a programação e o controle do processo produtivo, com ênfase em eficiência e aplicação de recursos em atividades produtivas, eliminando as dificuldades encontradas no país de se analisar índices de produtividade, dificilmente aceitos como importantes para avaliação da fazenda. Com toda certeza, os estrangeiros não darão ênfase ao custo como verdade absoluta para caracterizar a atividade, que será analisada através da eficiência do uso dos recursos produtivos. O tempo dirá se os imigrantes serão capazes de revelar um novo caminho, contribuindo, assim, para a introdução dos conceitos de profissionalização e tecnificação na pecuária leiteira do Brasil.

GANHAR DINHEIRO NO LEITE

REVISTA BALDE BRANCO - Nº 471 - JANEIRO DE 2004

Foi sem dúvida, estimulante e promissor o concorrido debate que aconteceu durante a Expomilk, evento realizado em São Paulo (SP) em novembro de 2003, para discutir como ganhar dinheiro no leite. Trata-se de uma proposta considerada, desde o início do século XX, como impossível de ser debatida em público, pois sempre permaneceu a certeza de que, dizendo o contrário, seria possível obter preços melhores para o produtor.

Todas as vezes que se demonstrava com dados reais que o tema agora discutido era viável, havia uma reação muito grande, com manifestações curiosas e incompreensíveis. Talvez, uma das mais expressivas para demonstrar a atitude dos que não admitiam a divulgação da possibilidade de que produzir leite era viável economicamente, seja a afirmação extraída de um importante veiculo de comunicação na virada do século XX: *"Toda vez que especialistas apresentarem custos de produção para produtores eficientes, completamente fora da realidade das fazendas, é preciso reagir mostrando os custos reais"*.

Uma planilha sem fundamentação técnica, elaborada nos anos de 1960, como demonstrado em 1994, em um seminário realizado em Belo Horizonte (MG), mostrava que o leite dava prejuízo e os técnicos das universidades, serviços de extensão e consultores eram considerados, em declarações públicas ou veladas, como 'comprados' pelas cooperativas e pelos laticínios, porque diziam que era possível obter bons resultados produzindo leite, desde que aplicados conceitos de eficiência, como tecnologia e atitude empresarial.

Apesar da pressão, das afirmações desabonadoras e do uso da mídia para caracterizar o produtor como sofredor, infeliz e sem futuro, os técnicos nunca desistiram, e até hoje, provam que existem boas possibilidades no leite, já que o objetivo nunca foi caracterizar o fazendeiro como incompetente, mas, sim, revelar caminhos desconhecidos para mudar o conceito sobre a atividade e, então, contribuir para que pudesse ser viável para pequenos ou grandes produtores, usando qualquer modelo de produção.

O conceito de eficiência em produção de leite não é bem compreendido, pois, envolve alerta sobre o uso de pseudotecnologias como o milho forrageiro, sêmen de touros nacionais sem prova, desidratação artificial de leguminosa tropical, gado de baixo potencial em confinamento, uso de plantas milagrosas, combate sistemático para acabar com carrapatos, rações desbalanceadas, etc. Além disso, preconiza o uso de índices realistas de avaliação do uso dos recursos produtivos, mostrando que instalações suntuosas, máquinas sofisticadas, média alta de curral, produção por lactação significativa, grandes volumes de leite e custo expresso em R$ por litro, não indicam eficiência de produção. Os princípios de eficiência são usados em todos os sistemas de produção do mundo desenvolvido e devem ser considerados como modelos universais para ganhar dinheiro no leite, não podendo ser confundidos com modelos operacionais, que não podem ser nunca utilizados como receita.

Nas discussões sobre viabilidade econômica de produção, grande destaque foi dado para o volume de venda. Ao que tudo indica, não se consegue distinguir bem a diferença entre pequeno produtor e extrator de leite, um conceito introduzido nos anos de 1970, para caracterizar o indivíduo que ordenha vacas se existe parto, nunca programando a atividade ou usando tecnologia. Com essa visão, não se atenta para o fato de que em todos os países, com exceção da Nova Zelândia, o rebanho médio é pequeno.

Nos Estados Unidos, a fazenda média tem, hoje, cerca de 100 vacas; em 1980, por volta de 32; em 1950 somente 6. No mundo desenvolvido a pecuária de leite foi estruturada e ainda é dependente da pequena propriedade. O que está acontecendo é um crescimento gradativo e aumento na quantidade de leite vendida por dia nas fazendas, como se observa nos EUA, com 2.500 kg nos dias atuais e somente 477 kg em 1980. Um fazendeiro americano que em 1950 tinha somente 18 vacas e tem hoje 4.000 é exemplo de que, quem não nasceu grande pode crescer se dedicando exclusivamente ao leite.

Hoje, é possível ganhar dinheiro sendo pequeno, usando eficiência, como também é verdade que o grande decida liquidar o plantel por perdas acumuladas. O ganho do pequeno pode não satisfazer a aspiração quantitativa do grande, mas cria possibilidades reais de crescimento e satisfação com a atividade. Pode-se afirmar que o leite não é necessariamente um bom negócio, mas, sim, que pode se tornar competitivo com culturas anuais ou perenes, abrindo perspectivas muito favoráveis para quem ambiciona ganhar dinheiro no agronegócio trabalhando com racionalidade e eficiência.

VENDA DE LEITE

REVISTA BALDE BRANCO - Nº 473 - MARÇO DE 2004

O setor leiteiro foi surpreendido por problemas surgidos em decorrência das dificuldades da compra de leite por uma das maiores empresas do Brasil, fato que chegou a promover reuniões de órgãos governamentais, manifestação de autoridades e depoimentos comoventes de pequenos produtores que deixaram de receber um dinheiro importante para a sobrevivência, em locais onde poucos compradores podem absorver o produto.

Ao longo dos anos, um número relativamente grande de laticínios fechou as portas, muitos deles repentinamente, sem haver tal impacto. A razão é que os volumes não eram tão significativos, o problema era regional e outras empresas foram capazes de absorver, em curto prazo e sem grande desvalorização, o produto oferecido pelo mercado. Apesar dos prejuízos e das perturbações, a turbulência era controlada e a atividade continuou em sua marcha tradicional.

Quando dificuldades na comercialização envolvem grandes volumes de leite distribuídos por todo o território nacional, chegando a afetar a disponibilidade para o consumidor, com alteração de preços por oferta reduzida, o impacto tem outro sentido. Todos torcem para que apareça uma solução para que desemprego, dificuldades econômicas para os produtores, redução do preço pago pelo produto e elevação para o consumidor sejam solucionadas, e que o setor leiteiro continue com seus problemas relativamente simples, compreensíveis, e de certa maneira, aceitos por todos, porque sempre existiram.

A realidade é que, administrar pequenas quantidades regionais de leite não é muito difícil, mas assumir rapidamente as atribuições de um gigante é desafio complexo e exige medidas acertadas, gerenciamento profissional e, sobretudo, cautela.

No mundo todo, existe uma proposição que vem sendo repetida ao longo dos anos em todos os países desenvolvidos: produzir leite não é tarefa muito complexa quando se aplica conceito tecnológico objetivando eficiência e gerenciamento. O difícil é vender um produto perecível que exige tecnologia para processamento, transformação e comercialização eficientes. Além disso, é necessário enfrentar não só a concorrência de outros laticínios, mas também o poder crescente das redes distribuidoras que dominam os grandes mercados consumidores.

Este fato não é bem entendido no Brasil, onde a comercialização de leite informal parece simples por falta de fiscalização e, também, pela aceitação por parte da comunidade, mas, na realidade, o que possibilita sucesso é o fato de pequenos volumes serem vendidos em locais próximos à produção, num período de tempo relativamente curto, de maneira a garantir certa qualidade. Por esse motivo, a atividade não apresenta expansão rápida e generalizada, ou é facilmente adotada por produtores maiores, apesar de ser sempre atrativa a perspectiva de ganhar a parte do 'leão'.

Um exemplo característico da ideia da facilidade de venda foi bem evidenciado na visita de brasileiros ligados ao setor lácteo a uma fazenda americana que produzia 150 mil litros diários, porque todos ficaram surpresos com o fato de não existir no local um laticínio. Quando a dúvida foi apresentada, o proprietário respondeu que sabia produzir, mas não tinha qualificações para processar ou vender os produtos, devido à complexidade da tarefa. Por esse motivo, entregava a produção para a cooperativa que possuía profissionais especializados para transformação, distribuição e comercialização em regiões distantes e em mercados capazes de absorver quantidades significativas não só de leite, mas também de outros produtos lácteos.

A proliferação e desaparecimento rápido de muitas das chamadas miniusinas é outro exemplo significativo das dificuldades inerentes ao comércio de leite. De maneira semelhante, nem sempre a produção de leite tipo A é viável, apesar da técnica aparentemente ter sido introduzida no país em 1925.

Espera-se, e é necessário, que o problema surgido no final do ano de 2003, possa ser solucionado de maneira racional, objetivando manter a estabilidade do setor leiteiro. Medidas simplistas, muitas vezes fundamentadas em boas intenções, mas sem embasamento empresarial, poderão dificultar o fortalecimento do setor, criar novos problemas e desestabilizar um segmento do agronegócio, que não conseguiu ainda criar uma estrutura sólida como aconteceu com outros que avançam, crescem, evoluem, melhoram a produtividade e criam mecanismos de gerenciamento compatíveis com os melhores existentes nos chamados países desenvolvidos.

A crise talvez possa servir para mostrar como é importante para produtores, e também, consumidores, a existência de várias empresas que se encarregam de industrializar e comercializar produtos lácteos. Por outro lado, para a indústria deve interessar o fortalecimento do setor produtivo, pois só a união dos segmentos consegue criar um todo harmônico, semelhante ao que existe para o setor lácteo em várias partes do mundo, objetivando a venda de produtos de boa qualidade.

ENFIM, O OTIMISMO

REVISTA BALDE BRANCO - Nº 475 - MAIO DE 2004

A participação do PIB (Produto Interno Bruto) do agronegócio na economia do Brasil, o significado das exportações agrícolas para a balança de pagamentos, o desenvolvimento de regiões remotas e a criação de empregos diretos e indiretos, o crescimento nas vendas de máquinas e veículos, a redução no preço dos alimentos, a diminuição na oferta estacional de frutas, hortaliças e outros alimentos, a transformação de cidades do interior em locais com qualidade de vida, e inúmeros outros benefícios, transformaram os empresários rurais em pessoas respeitadas e admiradas.

Há muito tempo, antes da industrialização dos centros urbanos, a cafeicultura também conferia aos proprietários de terra um papel significativo na economia, política e posição social, porque era capaz de gerar riqueza e de contribuir decisivamente para a economia do país. Posteriormente, existiu um período em que a posse da terra estava também associada com a riqueza conquistada nas grandes cidades e transportada para o setor rural, com o objetivo de conferir 'status', oferecer local para lazer e garantir um bom investimento nos períodos de inflação galopante. Foi uma época em que a agricultura, apesar da importância de alguns setores como o do café e o da cana-de-açúcar, não empolgava a mídia, nem levantava a autoestima de quem trabalhava no campo.

Hoje, a situação é diferente, pois as culturas de soja, laranja, cana-de-açúcar, café, frutas e a criação de gado de corte, frangos e suínos passaram a ter importância não só para a economia do país, mas também no âmbito mundial, sendo, em alguns casos, referência para o mercado internacional. É fato conhecido que agricultores americanos, que sempre tiveram papel de destaque no setor agrícola, acompanham com atenção e respeito o que está acontecendo no Brasil, que tem condições de competir e conquistar mercados produzindo quantidade e qualidade para afetar as cotações de vários produtos no mercado mundial.

Estrangeiros que visitam áreas agrícolas ficam impressionados com o que observam e, sobretudo, com o potencial ainda não explorado na forma de abertura de novas fronteiras e de maior ganho de produtividade. Em palestra apresentada na Escola Superior de Agricultura "Luiz de Queiroz", o professor

Norman Borlaug - Prêmio Nobel da Paz em 1970, por ter desencadeado o que se chamou de Revolução Verde na agricultura dos países subdesenvolvidos nas décadas de 1960 e 1970, disse, após visitar várias regiões, que tinha certeza que o país modelo de agricultura no século XX havia sido os Estados Unidos, e que o Brasil será o modelo do século XXI.

O clima de entusiasmo que existe no meio rural brasileiro parece ter também contaminado o setor leiteiro, pois já é possível encontrar na mídia, manchetes dizendo que o número de vacas e a produção continuam crescendo, que é possível vislumbrar autossuficiência, que os sinalizadores econômicos apontam para uma provável estabilização de preços e que o país começa a se firmar como exportador, com condições boas para competir no mercado internacional.

A reorganização do setor, com o fortalecimento das cooperativas, tem sido motivo de conversas e negociações. O trabalho consciente e persistente do 'marketing' institucional sobre o leite e derivados começa a mostrar resultados animadores e, com isso, o pessimismo histórico e permanente que acompanhava as notícias sobre a produção de leite tem sido pouco detectado nas notícias divulgadas pela mídia.

Não é possível pensar em desenvolvimento da atividade leiteira sem um pouco de otimismo e sem a consciência de que é viável, sim, incluir o leite como negócio no agronegócio brasileiro, porque importância econômica sempre existiu, mas entusiasmo, realismo e, sobretudo, autoestima do produtor, faz falta para alavancar o setor para uma posição que ele merece e tem condição de conquistar.

A divulgação de resultados favoráveis em fazendas que adotam modelos de produção diferentes, também auxilia no desenvolvimento de expectativas positivas, mesmo havendo descrédito quanto às informações. No meio de regiões cultivadas com soja, existem indivíduos que se dedicam ao leite, porque dizem ser real a possibilidade de ganhar mais dinheiro explorando vacas do que cultivando soja, leguminosa que é estrela da agricultura do país.

É estimulante encontrar miniprodutores que conseguem renda suficiente para ter uma vida digna, recebendo uma remuneração condizente com suas aspirações e suficiente para mantê-los trabalhando no campo, em vez de migrar para os centros urbanos. Todos os fatos levam à conclusão de que pode estar perto do fim, a constância e a persistência do discurso pessimista sobre o leite, e que, talvez, algum dia, o produtor deixe de ser caracterizado como pobre sofredor.

DESEMPENHO DE FAZENDAS LEITEIRAS

REVISTA BALDE BRANCO - Nº 476 - JUNHO DE 2004

Muitas propriedades que encaram a atividade leiteira com visão empresarial executam algum tipo de controle, objetivando entender os resultados alcançados no sistema de produção trabalhado. Sem dúvida, trata-se de um avanço considerável, que, associado à utilização de alguns conceitos modernos de nutrição, manejo reprodutivo, uso de touros provados e cuidados com fatores estressantes, revela que existe processo de evolução no setor produtivo.

Entretanto, ainda permanece arraigada a ideia de utilizar o custo por litro para caracterizar o resultado definitivo do sistema implantado. Esse índice, utilizado em larga escala na época de negociação do preço do leite, não oferece elementos para um julgamento preciso e criterioso do que está acontecendo e pode mascarar até mesmo resultados positivos alcançados. Por exemplo, em fazendas que colocam ênfase na venda de animais para reprodução, porque considera a despesa total dividida apenas pelo volume de litros vendidos, sendo o resultado, sempre comparado com o preço recebido pelo leite. No mundo todo, o recurso proveniente da venda de animais é parte integrante do processo, mas no cálculo do custo por litro vendido, esta parcela da renda não entra na avaliação por desconhecimento do significado ou por ser uma estratégia usada para reclamar preços mais elevados para fazendas consideradas tecnificadas por utilizarem práticas, máquinas e conceitos rotulados como modernos e evoluídos.

Um caso real poderá ilustrar o problema e mostrar como o custo em R$ por litro pode revelar uma situação que não era de todo desfavorável: a comparação entre o custo de produção e preço do leite em uma fazenda indicou resultado negativo de R$ 0,035* por litro, mas quando a renda de animais foi computada como equivalente-leite (divide-se o valor das vendas pelo preço do leite) e o valor obtido somado à produção, houve reversão, obtendo-se um resultado positivo de R$ 0,021, de maneira que a atividade não era o que poderia parecer à primeira vista. Esse fato acontece quando a renda proveniente da venda de leite não é suficiente para pagar o custo de produção, e parte dos recursos originários da venda de animais é usada para cobrir o déficit, e o resultado final pode não ser bom, apesar de positivo. Em casos como o descrito, a fazenda não tem o perfil característico do que deve ser uma propriedade leiteira, pois depende da

* Dólar em 01.06.2004 cotado a R$ 3,1300.

venda de animais para sobrevivência.

Situações diferentes são encontradas em inúmeras fazendas que, na realidade, são produtoras de leite, pois existe uma margem positiva quando o preço por litro é maior que o custo por litro, possibilitando margem de pelo menos 10 a 15%. Nessa situação, as vacas seriam capazes de pagar o custo total da atividade, e parte da receita auferida com a venda do leite ainda passaria a compor com a venda de animais, os recursos que possibilitariam lucro, muitas vezes, bastante atraente, a ponto de ser posto em dúvida.

As distorções apontadas permanecem inalteradas com o passar dos anos porque, infelizmente, existe tendência de se considerar resultado econômico desvinculado do zootécnico. Somente pela associação de índices de produtividade e econômicos se torna possível entender as razões e os fatores que levaram ao sucesso ou fracasso, porque, isoladamente, a comparação do custo por litro e do preço por litro não revelam pontos de estrangulamento ou uso inadequado de fatores produtivos. O que interessa realmente é o resultado final caracterizado por lucro e retorno sobre o capital empatado na atividade.

A falta de padrões ou indicadores que possibilitem uma visão do conjunto e que permitam uma avaliação da atividade, independentemente do modelo de produção adotado em cada fazenda, dificulta a mudança de conceitos estabelecidos pela tradição e contribui para que a atividade leiteira seja considerada como um dos poucos negócios ruins dentro do agronegócio brasileiro, apesar de se ter, hoje, resultados muito bons em fazendas que usam estruturas de rebanho compatíveis com objetivos de lucro, vacas que, independentemente da produção individual, garantam volume de venda para cobrir custos e melhorar os lucros, e indicadores de uso eficiente do solo, mão de obra e outros fatores produtivos.

Por desconhecimento, não se tem ideia de qual seria um lucro razoável ou bom por vaca do rebanho, qual o lucro adequado por hectare para garantir competitividade do leite com outras atividades rurais e o que fazer para alterar uma situação aparentemente desfavorável, que não seja a simples mudança de rumo com a venda do rebanho e abandono da atividade, sem uma análise realista que justifique tal decisão.

LEITE PARA A CHINA

REVISTA BALDE BRANCO - Nº 477 - JULHO DE 2004

A China vem conquistando, há algum tempo, um espaço reservado na mídia. O maior destaque ficou por conta da missão brasileira, que recentemente viajou à procura do maior mercado do planeta, um país que cresce a ritmo acelerado e vem trocando hábitos milenares por conceitos de vida mais próximos de países do ocidente. Do ponto de vista comercial, a ênfase foi dada à soja, às carnes, aos produtos manufaturados, entre outros. O leite, no entanto, não mereceu menção no rol dos produtos a serem negociados, apesar de o potencial da atividade no Brasil ser reconhecidamente muito grande e de apresentar preço competitivo para o mercado internacional.

Historicamente, o leite e os produtos lácteos não faz parte da dieta dos chineses, talvez, porque grande parte dos orientais apresente intolerância à lactose. Não existem dados no país, mas estudos feitos nos Estados Unidos mostraram que, entre as pessoas de origem asiática, cerca de 90% mostram esse tipo de distúrbio, uma característica de populações que nunca foram consumidoras de lácteos, como os africanos, os índios americanos e os habitantes dos países banhados pelo mar Mediterrâneo.

Além desse aspecto, não existe tradição de produção de leite, e os problemas de transporte, armazenamento e poder aquisitivo da população também criam barreiras para a expansão do setor. Admite-se que a estrutura fundiária introduzida pela revolução comunista na China, caracterizada por pequenas propriedades e deficiências tecnológicas no uso de recursos forrageiros, como já foi relatado em trabalhos publicados pelos chineses, seja também um fator limitante para a evolução do setor.

Apesar de a produção de leite na China ter praticamente dobrado de 1997 a 2002, a quantidade é muito pequena para a imensa população de mais de 1,3 bilhão de pessoas. Em 2003, de acordo com a FAO (Organização das Nações Unidas para a Alimentação e a Agricultura), o país produziu cerca de 18,3 bilhões de litros, dos quais, 72,3% foram provenientes de vacas leiteiras. O leite incluído nas estatísticas é também oriundo de ovelhas (maior produtor mundial), cabras, búfalos e camelos.

Apesar de não haver estatísticas, sabe-se que o leite de éguas e de outros animais, como os iaques, também pode ser utilizado em algumas regiões.

Estimativas oficiais revelam disponibilidade teórica de oito litros por habitante por ano. Somente esses dados já indicam que existe grande carência do produto num país que evolui, muda de hábitos e aumenta a renda per capita da população num ritmo sem paralelo no mundo.

Entre as mudanças observadas na China, o consumo de leite e derivados tem sido apontado como uma das atividades facilmente identificáveis, a ponto de criar grandes surpresas para viajantes que receberam, em banquetes, copos de leite como bebida para brinde de boas vindas. Além disso, como parte do aumento do poder aquisitivo de uma classe média urbana em expansão, existe um mercado crescente para academias de ginástica, alimentação saudável e, neste contexto, o leite e seus subprodutos tem sido procurados para o fornecimento de cálcio, proteínas, vitaminas e energia.

Assim, leite fluido, iogurtes, e outros produtos passaram a fazer parte do hábito alimentar de populações urbanas, mas no campo, o consumo ainda é muito baixo. Se, no passado, o leite era considerado alimento de crianças, pessoas doentes e idosas, hoje, existe o reconhecimento entre os habitantes e o governo, no sentido de que problemas de osteoporose, crescimento e desenvolvimento intelectual podem ser resolvidos pelo estímulo ao consumo de lácteos.

O mercado chinês tem merecido atenção dos principais países exportadores, pelo significado que poderá ter no futuro. Apesar do esforço, a produtividade do rebanho ainda é baixa (cerca de 2.000 kg por vaca por ano) e existem problemas climáticos, tecnológicos e, sobretudo, falta de tradição de produção de leite com características evoluídas. Tradicionalmente, os chineses não apreciam produtos lácteos, o setor é desestruturado e existem relatos de fraudes muito sérias em relação ao leite em pó infantil (cujas punições são severas), fatores que indicam que o país levará um tempo relativamente grande para ter um setor leiteiro estruturado.

Os produtores brasileiros deveriam estar cientes da possibilidade de contribuir para o abastecimento de lácteos no mercado chinês, se houver, como se espera, uma demanda. Entretanto, deve-se atentar para o fato de que existe um controle sanitário rigoroso - vide o recente caso da soja brasileira contaminada - e a necessidade de adaptação às particularidades dos produtos procurados por um mercado não convencional.

ENTRE A CARNE E O LEITE

REVISTA BALDE BRANCO - Nº 481 - NOVEMBRO DE 2004

Alguns fatos interessantes e muito significativos encontrados no setor leiteiro nacional passam despercebidos por falta de divulgação, desinteresse ou desconhecimento. Um exemplo típico disso é a 'evolução' encontrada em algumas fazendas que produzem leite com rebanhos de gado de corte, utilizando propostas diferenciadas para a obtenção de resultados econômicos muito bons, sem perder a característica de uma atividade complementar.

Alguns anos atrás, a visita de um técnico especializado em bovinocultura leiteira, a uma fazenda de extração de leite resultou na proposição de que a atividade estava com os dias contados, pois não era possível continuar com uma exploração extensiva, na qual não se produzia matéria prima de boa qualidade, nem se usava tecnologia para a exploração leiteira. O comentário tinha como base a iminente publicação de normas elaboradas pelo Ministério da Agricultura, Pecuária e Abastecimento e usava também o argumento que a exploração não poderia ter resultado satisfatório, pois era necessário mudar para um conceito moderno, com o estabelecimento de fazenda leiteira convencional, uso de gado de boa qualidade, equipamentos adequados e rotinas de trabalho de atividades especializadas. O fazendeiro não conseguiu entender o comentário, porque os resultados que ele obtinha eram muito bons, sob o ponto de vista econômico.

O que ocorria na fazenda era exatamente o oposto do que estava sendo comentado, pois ele estava ganhando dinheiro, sem investimentos específicos, conseguindo pagar todo o custo da criação de gado de corte, e ainda sobrava uma parcela significativa. Depois de vários anos, a fazenda 'progrediu' introduzindo técnicas que independem do objetivo de produzir leite ou bezerros, permaneceu em atividade, aumentou a produção e o leite continua a ser vendido para o mercado formal, fato que estimula e favorece a proposta de exploração extensiva.

A produção de leite de rebanhos de gado de corte é uma realidade em várias regiões, trazendo vantagens incontestáveis para quem a prática, pois os custos são pequenos e, algumas vezes, considerados inexistentes, já que o processo se resume numa simples extração, e a mão de obra utilizada na ordenha é a mesma empregada para o manejo do rebanho de corte. O processo sofreu evolução porque algumas propriedades usam hoje tanque de resfriamento, apesar de a ordenha ser realizada em currais abertos, com bezerro ao pé da vaca e ordenha manual.

A qualidade do produto obtido melhorou, a composição de sólidos é boa, a contagem de células somáticas (CCS) está dentro do desejável, havendo somente uma tendência de se obter um número relativamente mais elevado de unidades formadoras de colônias (UFC), indicando contaminação durante a ordenha e nos recipientes.

Novos conceitos de produção intensificada, como o uso de pastagens rotacionadas, têm sido empregados por produtores de gado de corte e, com isso, os extratores de leite empregam técnicas modernas para elevar a lotação e, assim, também aumentar o volume de produção. Existem propriedades que elaboram planilhas, calculando somente o custo operacional efetivo (COE), já que o empresário reconhece que o leite é simplesmente um subproduto da atividade de cria de gado de corte. Por isso, não faria sentido levar em consideração a depreciação e a remuneração do capital investido na atividade leiteira, pois eles não se consideram leiteiros, como acontece com os produtores especializados.

O interessante é que, algumas vezes, pagam pela assessoria de agrônomos, veterinários e zootecnistas, utilizam inseminação artificial e conhecem conceitos relacionados à eficiência do processo produtivo. Análises de índices zootécnicos cuidadosamente elaborados recentemente em uma fazenda mostraram o que se esperava com o uso de animais não especializados: 55 a 65% de vacas em lactação e produção de três a quatro litros de leite por vaca por dia. Esses fatos não afetam o desempenho da propriedade, pois o leite se constitui num simples complemento da renda.

No caso mencionado, a utilização de um rebanho de 700 vacas possibilitou cerca de 2.400 litros diários, o que representava R$ 37.000,00* líquidos por mês, porque os custos operacionais foram estimados em R$ 0,22 por litro. Deve-se considerar também que a renda mensal proveniente da venda de animais teve um valor aproximado de R$ 7.500,00, o que garantia uma situação invejável para a empresa.

Não é possível justificar, sob o ponto de vista técnico, modelos rudimentares, em que a contaminação do leite é uma certeza e o compromisso com a produção inexiste. Entretanto, não existem argumentos para contestar o fato de que, com as regras atuais do mercado, os extratores acabam beneficiados caso utilizem algumas práticas para melhorar a qualidade e produzirem volumes

* Dólar em 01.11.2004 cotado a R$ 2,8590.

relativamente grandes.

A aceitação pelos laticínios, a inexistência de legislação, a comercialização de produtos informais e a falta de leite criam condições favoráveis para a manutenção de uma atividade extrativa antiga, e muito interessante para alguns 'produtores'.

O MEIO RURAL QUE NÃO SE VÊ

REVISTA BALDE BRANCO - Nº 482 - DEZEMBRO DE 2004

Refletir sobre os problemas e as desigualdades observadas no meio rural de um país em desenvolvimento não são fatos rotineiros, quando existe euforia sobre o setor agrícola por parte dos habitantes da nação, como também por residentes de outras regiões do planeta. Dados de produção e produtividade de grãos, citros, volume de carne produzida e exportada, revelam que o agronegócio brasileiro avança e que o meio rural, indiscutivelmente, atingiu uma posição de progresso e de maturidade.

Relatos na mídia indicam que nas áreas mais pujantes não existe desemprego, que a renda per capita é alta e que a venda de máquinas e insumos assume proporções impressionantes. Comenta-se também que os visitantes de outros países ficam impressionados com a possibilidade de se estabelecer duas ou mais culturas anuais como consequência de condições climáticas favoráveis. O desenvolvimento de variedades de plantas adaptadas, o conhecimento e o combate de fatores limitantes, a existência de técnicos competentes e a atitude profissional e arrojada de empresários modernos e eficientes colocam o Brasil em posição de destaque como potência agrícola atual e do futuro.

Por outro lado, uma parcela muito grande das propriedades rurais, independentemente do tamanho, não consegue participar do cenário descrito, como sendo resultado de desinformação sobre tecnologia agrícola, falta de recursos ou de ambição, se mostrando incapazes de se integrar, por não ter possibilidade de produzir produtos de qualidade, de gerar excedentes em grandes quantidades para a comercialização, nem de aproveitar os recursos existentes que se encontram inexplorados.

Essa situação cria um conjunto de produtores que, a cada dia, mais se afasta do mundo moderno da agricultura competitiva, fato facilmente caracterizado em regiões que estão em declínio mostrando, na paisagem, nas cidades e na atitude das pessoas, o resultado da estagnação. Áreas relativamente grandes apresentam características de subdesenvolvimento, e o que é pior, a falta de perspectiva para o futuro ou para uma reversão na tendência estabelecida.

Considerar que esse segmento não é importante porque o progresso continua e as perspectivas de aumento de safras são inegáveis não faz sentido, pois ele representa uma parcela importante para a formação da renda bruta de agricultura, principalmente, no caso dos produtos animais. Além desse aspecto, contribuem para colocar as produtividades médias dos produtos brasileiros num patamar típico das regiões subdesenvolvidas.

Na realidade, existem no país, duas situações distintas, pois as culturas de grãos, cana-de-açúcar, citros, algodão, café e outras se desenvolvem rapidamente, ao passo que no setor animal, principalmente, na produção de leite, as condições e as perspectivas nem sempre são motivo de euforia, apesar das melhorias inegáveis observadas em alguns locais. Basta lembrar que atualmente, a vaca média explorada para produção de leite no país contribui com menos de 1.500 kg de leite por ano, ou seja, cerca de quatro kg por dia.

Esses valores são resultado de nutrição inadequada, reprodução irregular, ocorrência de doenças e parasitos, e de fatores estressantes, como também do uso de matrizes não especializadas, fato que leva a um baixo percentual de vacas em lactação por ano nos rebanhos. O contraste entre índices médios de produtividade do setor leiteiro e da cadeia da soja, por exemplo, mostra a diferença de estrutura existente entre setores da agricultura brasileira, caracterizando as diferenças típicas do subdesenvolvimento.

Observar, no início do século XXI, ao final do período de estiagem, vacas esqueléticas tentando obter comida entre carcaças de gado morto por fome, a venda clandestina de leite na beira da estrada por caminhões transportadores de latões, a ordenha a céu aberto, a comercialização de gado tuberculoso ou com brucelose, os touros Nelore cobrindo vacas leiteiras, os proprietários de lotes de assentamentos de reforma agrária perdidos por não saberem o que fazer e, por isso, tentando tirar leite para sobrevivência em condições precárias, além de inúmeras outras ocorrências, revelam um Brasil rural que não é divulgado nas estatísticas, não se vê na mídia e permanece oculto, por desconhecimento ou interesse em escondê-lo.

Os serviços de extensão rural, que na história da agricultura moderna tiveram papel significativo para a difusão de tecnologia, melhoria do nível de vida dos agricultores e abertura de novas oportunidades para o proprietário rural, foram relegados a um plano secundário no país, quando não deixaram de existir.

Orientação técnica abalizada, opções novas para exploração do solo, planejamento, controle econômico e financeiro, e auxílio na organização do lar são trabalhos que fazem parte da rotina do trabalho dos extensionistas. Quando esse serviço essencial não existe, o meio rural que não é visto, fica numa posição desfavorável e não consegue contribuir para a intenção de colocar o país num processo irreversível de desenvolvimento do setor agrícola como um todo.

LEITE EMPRESARIAL

REVISTA BALDE BRANCO - Nº 486 - ABRIL DE 2005

Na interminável discussão sobre modelos de produção mais adequados para o Brasil, surgem questionamentos interessantes, como, por exemplo, por que sistemas que adotam pasto não se tornaram vigentes nas fazendas mais empresariais do Brasil? A mesma ideia tem sido usada para apontar vantagens dos modelos de confinamento, caracterizando a fazenda empresarial como a que apresenta grandes investimentos em instalações, máquinas e equipamentos, revelando o mesmo conceito das que se dedicam à produção de 'commodities' agrícolas exportáveis, ou seja, trabalham com grandes volumes, margens reduzidas e remuneração satisfatória do capital investido.

Ao que tudo indica, está se confundindo a atividade empresarial com a exercida por empresa capitalista, ou seja, uma unidade de produção com elevado nível de capital, natureza intensiva de exploração por aplicação de tecnologia, mão de obra formada por trabalhadores assalariados, produção especializada e volumosa, e ainda, se revela característica muito apreciada no setor leiteiro, que é a produção diária elevada por vaca em lactação.

Como no país existem propriedades meramente extrativas, que não usam tecnologia, apresentam baixo nível de capital de exploração, têm predominância de trabalho familiar não remunerado e quantidade pequena de produtos comercializados, representados por sobra da subsistência, se torna possível entender a relação que se estabelece entre poderio econômico, volume de produção e prestígio com fazendas caracterizadas como empresariais.

Pelo exposto, tem-se a impressão de que fazendas empresariais seriam somente as que apresentam porte e investimentos grandes, um fato que merece reflexão, por não ser realidade em nenhuma região do mundo. Existem empresas leiteiras menores, com boa rentabilidade, caracterizadas como familiares, que também apresentam nível elevado de capital exploração proporcional ao tamanho, predominância de trabalho não assalariado, volume de produção elevado em relação ao tamanho da área e do rebanho, e a produção também destinada ao mercado.

Nessas condições, o uso de tecnologia permite conseguir produtividade comparável à obtida pelas grandes empresas, mas o montante do lucro, logicamente, é menor. Entretanto, como acontece em todos os segmentos da economia, existe espaço para empresas grandes, médias e pequenas, e o conceito empresarial é, em qualquer situação, lucro e remuneração do capital.

No mundo dos negócios, nem todos os empresários herdaram áreas grandes, acumularam fortuna em outros ramos para aplicação na agricultura, possuem prestígio político, facilidade para obtenção de crédito ou ambição e perfil para grandes empreendimentos. Por outro lado, empresas familiares bem administradas permitem ganhos satisfatórios, compatíveis com os objetivos do proprietário, e muitas conseguem crescer até atingir um nível em que podem ser caracterizadas como empresas capitalistas.

A situação descrita não é comum no setor leiteiro do país, mas existem atualmente modelos familiares nos quais se obtém de R$ 1.000,00* a R$ 1.500,00 de lucro por hectare por ano, valores que tornam o leite a melhor opção para a exploração econômica do solo. Esses resultados estão sendo obtidos com vacas especializadas, com produção adequada e compatível com o modelo usado, garantindo ao empresário que explora uma área menor um ganho mais do que compensatório.

No mundo todo, a exploração do leite é uma atividade que se enquadra muito bem em áreas relativamente pequenas, devido ao fato de possibilitar ganhos maiores do que com outras atividades agrícolas. Por exemplo, nos Estados Unidos, o maior produtor de leite do mundo, a fazenda média tem 100 vacas; na França, 37 e na Nova Zelândia 270. Levantamentos feitos por aqui, indicam que nos Estados de Goiás e Minas Gerais, a fazenda leiteira tem em média e 100 ha a 120 ha, sendo áreas inadequadas para a produção de grãos ou gado de corte.

Além desses aspectos, atividades empresariais em outros países que tem prestígio como produtores de leite, como Nova Zelândia, Austrália, Irlanda e outros, apresentam competitividade para exportação e exploram vacas que contribuem com 2.800 a 5.000 kg de leite, o que significa produções entre 7,7

* Dólar em 01.11.2004 cotado a R$ 2,6542.

e 14,0 kg de leite por dia, indicando que o conceito divulgado no Brasil não é correto e contribui para o desestímulo do setor.

Por que razão se associa leite empresarial com tamanho, grandes investimentos, modelos sofisticados, e por que ligar essas características com tecnologia, como faz a mídia? A distorção perde sentido quando se analisa o fato de que fazendas que se enquadravam nesse perfil deixaram de produzir, por causa de resultados negativos. Empresas leiteiras independem de modelos, tamanho de área, investimentos em sofisticação ou volume de produção, mas, sim do conceito de administração dos recursos produtivos. Analisando a produção de leite no mundo, se vê que não é só nas grandes fazendas dos Estados Unidos, com vacas de alta produção, que se produz visando ao lucro e à remuneração do capital.

A MAGIA DO LEILÃO

REVISTA BALDE BRANCO - Nº 488 - JUNHO DE 2005

A comercialização de animais realizada por meio de competição pública entre compradores que oferecem lances depois de inspeção, escolha e avaliação é muito antiga, sendo praticada na Europa desde épocas remotas. A negociação facilita tanto a venda como a compra, pelo fato de que, num mesmo local e dia, são ofertados e adquiridos matrizes, reprodutores e outras categorias de bovinos em quantidades relativamente grandes.

Os primeiros regulamentos e leis para a realização de leilões foram estabelecidos em 1845 na Inglaterra, objetivando controlar o comércio e evitar fraudes e abusos por ambas as partes: compradores e vendedores. A partir de 1927 se tornou obrigatória a apresentação, nos recintos de remate, dos regulamentos que, entre outras normas, proibiam a formação de acordos entre compradores.

Para a realização de leilões públicos no Brasil, os vendedores devem divulgar num catálogo, com antecedência mínima de 20 dias, a relação dos animais, o local, o horário e as condições de venda. A atividade passou a ser largamente realizada a partir da década de 1980, com inovações importantes como a realização dos eventos em fazendas, ao invés de recintos oficiais, como se fazia no passado.

A comercialização em leilões pode trazer resultados inesperados para o vendedor, seja no sentido da supervalorização como também de decepção quando os animais ofertados não alcançam o preço que se imaginava justo. Este fato acontece porque sempre se idealiza um valor alto, que promova o rebanho e traga resultados satisfatórios para a elevação da renda da fazenda.

A expectativa é sempre acima do mercado e, por esse motivo, são executadas uma série de atividades visando à valorização do animal, como divulgação de dados zootécnicos, tosquia, preparo de cascos, colocação de cabrestos, adestramento de animais para condução e apresentação, e até a contratação de pessoal com bom visual para a condução das atividades. Oferta de animais de boa qualidade, lotes homogêneos, estudo da ordem de oferta e leilão em parcelas são também fatores considerados no preparo do remate, porque podem auxiliar o ritmo do evento, o entusiasmo do público e a obtenção de resultados mais significativos.

Não é raro oferecer bebidas alcoólicas para provocar euforia em alguns participantes, o que pode estimular a disputa e a consequente elevação dos preços. A venda em leilão público assume características interessantes, quando dois ou mais indivíduos disputam um mesmo animal, movidos por sentimentos de vaidade, determinação ou desejo de conseguir o que consideram ser o ideal. Nessas condições, o proprietário atinge seus objetivos e a plateia aplaude quando preços recordes são obtidos.

Sob o ponto de vista do comprador, a participação no evento tem outra conotação, ou seja, a compra de reses de qualidade para o seu plantel pelo menor preço possível ou, no máximo, pelo valor de mercado. Assim sendo, ele se dirige ao local com a esperança de que o número de compradores seja reduzido, que o tempo fique fechado e chova, ou que o evento tenha sido pouco divulgado. Na inspeção cuidadosa do plantel ofertado, a escolha é feita com antecedência, muito influenciada por características de tipo que conferem beleza ao animal.

Outros fatores que podem despertar o desejo de possuir determinados animais são pedigree, índices de produção, situação reprodutiva e, sobretudo, a inexplicável atração que certos animais exercem sobre a pessoa. A qualidade do plantel, a habilidade do leiloeiro e o clima de competição que se estabelece durante o remate podem levar o comprador a pagar um preço fora da realidade. Por exemplo, a quantidade de leite necessária para pagar uma vaca arrematada por R$ 20.000,00* seria de aproximadamente 40 mil litros, o que torna difícil ou impossível de se obter retorno razoável sobre o capital empatado com a venda do leite, mesmo que a produção por lactação seja elevada, pois haveria

* Dólar em 01.06.2005 cotado a R$ 2,4278.

necessidade de se considerar a disponibilidade líquida da renda obtida.

Geralmente, matrizes que alcançam preços elevados são arrematadas para produção de embriões, mas não se tem garantia de que as crias obtidas sejam de boa qualidade, por não existir possibilidade de se saber, pelo tipo ou pela produção, se a matriz pode transmitir aos seus descendentes suas qualidades. Como não existe no país um programa de estimativa do mérito genético das fêmeas, nunca se sabe o seu provável valor como reprodutora, e mesmo com essa informação, os resultados seriam imprevisíveis.

A complexidade da genética de produção de leite é grande, pois nas provas de touros em países desenvolvidos, as melhores vacas por mérito genético são acasaladas e somente 10 a 15% dos filhos são aproveitados para comercialização de sêmen, por serem avaliados como bons reprodutores.

Para não ser enfeitiçado pela magia do leilão, o comprador deve ser racional, estipulando o preço com antecedência e dando lances até o ponto em que a aquisição possa ser considerada, em qualquer situação, um bom negócio.

SUCESSO DE FAZENDAS PEQUENAS

REVISTA BALDE BRANCO - Nº 495 - JANEIRO DE 2006

Cada vez mais, a produção de leite em fazendas pequenas é comentada, discutida e analisada, pois resultados econômicos muito bons, provenientes de acompanhamentos criteriosos, têm sido divulgados. A constatação desperta reações controversas, já que existe a concepção generalizada de que volumes elevados de produção, também chamados inapropriadamente de escala, são apontados como fatores muito importantes para a economia da atividade. Entretanto, é fato reconhecido que lucro só é obtido quando os recursos existentes no sistema são explorados de maneira correta, independentemente do modelo adotado para produção, possibilitando custos compatíveis com os ganhos.

Comentário feito por um especialista americano, no período em que a produção de leite estava se estruturando em bases modernas, dava ênfase ao fato de que o tamanho da atividade era importante, mas apenas um grande volume de produção não solucionava problemas econômicos das propriedades leiteiras. Dizia-se que a receita para o sucesso era aprender a ser eficiente, antes de se estruturar para ser grande.

A mensagem transmitida aos produtores, na época, era que fazendas com grandes volumes de produção têm maiores oportunidades de resultados melhores, mas à medida que a operação cresce, se torna mais complexa a administração dos recursos, podendo surgir condições que favorecem perdas maiores, se medidas de manejo, gerenciamento e controle do processo produtivo não forem adequadamente equacionadas e implementadas.

No nosso país, o pequeno produtor é geralmente caracterizado pela quantidade de leite produzido, e não se leva em consideração o uso dos recursos produtivos existentes na fazenda. Propriedades com áreas e rebanhos grandes, investimentos altos em construções, máquinas, equipamentos e terras, gastos elevados com mão de obra e insumos, podem apresentar produções pequenas em relação à estrutura montada.

Um caso real pode servir de exemplo para justificar a proposição de que uma fazenda produzindo 895 litros por dia, um volume considerado grande para o país, na realidade, deveria ser rotulada como pequena, quando se considera o aproveitamento dos recursos produtivos. Com área de 700 hectares, um rebanho de 467 cabeças, ordenha mecânica e boa localização, apresentava 45% de vacas, das quais, somente 55% produziam leite durante o ano, o que significava que apenas 24,75% do rebanho eram de vacas em lactação, sendo a produtividade da fazenda de 466 litros de leite por hectare.

Considerar somente as informações sobre a quantidade comercializada por dia, sem uma análise de outros fatores envolvidos com o processo produtivo, leva à constatação de não se encontrar uma relação direta entre o que se chama 'escala' e resultado econômico. Ouve-se, com frequência, a afirmação de que, muitas vezes, quanto maior a produção, maior o prejuízo, um conceito oposto à ideia de que existe necessidade de volume ampliado para a viabilização da atividade.

Outro fato que distorce a compreensão do significado de produção é a divulgação do volume associado com média por vaca em lactação. Essas informações também não indicam de que maneira os recursos são utilizados e qual é a eficiência do sistema estabelecido. Uma fazenda com 417 vacas, que liquidou o rebanho, produzia por dia 8.176 litros, com média de 28 litros por vaca, mas trabalhava com 70% de vacas em lactação, 0,83 vacas em lactação por hectare por ano e produzia somente 8.109 litros por hectare por ano.

Perguntava-se, na época, como uma fazenda tão boa (considerando o volume de leite), bem equipada (com confinamento em free-stall), grande (com 900 cabeças) e com bom rebanho (em termos de média por vaca em lactação) não mostrava rentabilidade, já que tinha todas as características supostamente consideradas ideais para produzir leite de maneira adequada. O desconhecimento de padrões que caracterizem fazendas ineficientes, geralmente leva a conceitos distorcidos e dificuldades no entendimento das razões do sucesso ou insucesso na produção de leite, independentemente de como é montada a fazenda.

O estudo detalhado dos bons resultados econômicos que têm sido obtidos em fazendas pequenas revela que isso é consequência, não só de um planejamento adequado do uso dos fatores de produção, como também da estruturação dos rebanhos, visando à obtenção de um volume elevado de leite para o sistema proposto. Na realidade, o que se deve almejar é uma quantidade de leite compatível com o potencial instalado, e não o valor absoluto.

O gerenciamento dos recursos produtivos associados com a venda racional de animais excedentes possibilita o estabelecimento de uma relação renda:custo, favorável à obtenção de lucro satisfatório. Os fundamentos para o sucesso em produção de leite são sempre os mesmos, e não se encontra no país uma relação nítida entre lucro e volume, como se apregoa.

A caracterização de padrões para diferentes sistemas é fundamental para o entendimento do resultado de algumas fazendas pequenas, considerando, para tanto, que as propriedades estejam operando próximo do potencial estabelecido.

TECNOLOGIA E A GERAÇÃO DE RENDA

REVISTA BALDE BRANCO - Nº 496 - FEVEREIRO DE 2006

No início do ano, o produtor fez um balanço das despesas e das receitas obtidas na fazenda e teve, então, a possibilidade de quantificar o que já desconfiava, mas não tinha ideia da magnitude. O ganho obtido durante o ano passado não foi suficiente para pagar as contas e, por isso, ficou decepcionado com a atividade leiteira, apesar de se identificar e gostar imensamente da criação e do manejo de vacas.

Lembrou-se dos comentários que sempre ouviu de amigos que, também atraídos pelo feitiço do leite, amargaram decepções investindo em fazendas e que, depois de alguns anos, mudaram de atividade. As opiniões divulgadas pelos meios de comunicação foram, na maioria das vezes, desfavoráveis, e a situação geral sempre foi utilizada para predizer um futuro sombrio, que parece estar cada vez mais sufocado por falta de condições adequadas para a produção.

O sentimento de frustração é sempre grande quando existe a certeza de que tudo foi feito de maneira correta, dentro das recomendações divulgadas para a atividade, como uso de sêmen de touros provados, índices de reprodução e de mastite normais, boa média por vaca em lactação, pastos adubados e bem manejados, milho para ensilagem semeado por plantio direto e silagem considerada de qualidade, alimentação balanceada, plano sanitário executado com rigor, criação de novilhas possibilitando obtenção de animais saudáveis e instalações bem planejadas dentro de padrões divulgados como modernos para uma pecuária de leite especializada. Além desses aspectos, recebeu preços médios anuais razoáveis de leite e de venda de animais, e também não ocorreram problemas durante o ano, que foi bom em termos de chuvas e temperaturas.

Procurando manter um sistema bem administrado, investiu na mão de obra por meio de treinamento, motivação com bons salários, casas confortáveis e estímulos financeiros por alcance de metas pré-estabelecidas. Com tudo isso, o leite produzido sempre foi de boa qualidade, a mortalidade baixa, a reprodução normal, e a fazenda considerada um modelo no que diz respeito à aplicação de tecnologia.

A propriedade chamava atenção pelo capricho visto nas cercas bem feitas, estradas conservadas, galpão de máquinas para abrigo, e boa manutenção, organização e limpeza de todos os setores. Enfim, era uma fazenda admirada e citada como modelo para toda a região, e, muitas vezes, usada para demonstrações do manejo bem feito de vacas leiteiras.

Dúvidas surgiram não só sobre a viabilidade da atividade, como também em relação ao uso de tecnologia em fazendas de produção de leite. O produtor lembrou-se de um artigo escrito no passado, afirmando que a aplicação de tecnologia aumenta os custos de produção e, assim, a atividade chamada de 'especializada' não seria rentável no país. Ele pensou, então, se não seria mais sensato mudar para um sistema de gado mestiço, mais rústico, objetivando custos mais baixos e a venda de machos, com resultados melhores do que normalmente se divulga. Mas como ter certeza de resultados favoráveis, se um de seus conhecidos trilhou exatamente esse mesmo caminho e continua achando que produção de leite é inviável? Como entender e acreditar em resultados surpreendentes de algumas fazendas consideradas eficientes, que usam vacas especializadas e, aparentemente, não são tão tecnificadas?

Por falta de compreensão do que seja um sistema estruturado, os produtores podem ficar confusos sobre a atividade leiteira. Aplicar na fazenda técnicas avançadas não significa que o modelo implantado seja tecnificado, pois existe a necessidade de se manipular adequadamente os fatores produtivos visando à obtenção de rendimentos compatíveis com a estrutura montada e com os investimentos realizados.

Quando ocorre um número excessivo de animais em crescimento e um número baixo de vacas em lactação por ano, existe pequena capacidade de geração de renda e custos elevados, e não se percebe o problema oculto pela aparente normalidade. Se as vacas não conseguem pagar o custo de manutenção do rebanho, a fazenda não pode ser considerada como leiteira. Com grande frequência, são encontrados rebanhos apresentando somente 35 a 55% de vacas, quando a relação deveria ser 60 a 70%, e, do total de vacas, 83% em lactação.

O conceito de tecnologia é deturpado por investimentos em recursos não produtivos, ou seja, atividades ou práticas que não alteram a geração de renda, mas aumentam o gasto ou o capital investido na atividade e, portanto, o balanço econômico da atividade. Esse problema pode ser de difícil entendimento, pois técnicas importantes podem se tornar fatores improdutivos, como, por exemplo, inseminação artificial com falhas na detecção de cio ou reduzida taxa de prenhez.

Produzir leite com sucesso depende do conhecimento sobre o potencial de geração de renda, compatível com os custos do modelo estabelecido, usando para tanto, conhecimento técnico-científico para a obtenção de resultados sempre satisfatórios.

O PREÇO DO LEITE NA MONTANHA RUSSA

REVISTA BALDE BRANCO - Nº 497 - MARÇO DE 2006

O ano de 2005 será lembrado como problemático para o produtor de leite porque, depois de seis meses de preços em elevação, houve uma queda brusca e repentina, ocorrendo, do meio para o final do ano, uma redução de praticamente 28%, considerando o preço médio praticado no país. A situação se tornou preocupante, porque, de janeiro a junho, houve elevação do preço de cerca de 11%, fato que vinha estimulando o setor e provocando aumento contínuo da produção.

Durante todo o ano de 2004, os preços ficaram sempre acima da média histórica, mesmo considerando um pequeno declínio de agosto a dezembro, com recuperação e crescimento no início do ano seguinte (2005). O setor havia entrado em euforia, não só por causa dos preços maiores, mas também pelo fato de que havia sido admitido no seleto clube dos exportadores do agronegócio, com um crescimento significativo em termos percentuais, porque partira de uma base muito baixa.

Estima-se que, no primeiro semestre de 2005, as exportações cresceram cerca de 27%, perfazendo um aumento de praticamente 52% em relação a 2004. Mas do meio para o final do ano, houve queda de 6%, considerando a venda para outros países no mesmo período do ano anterior, apesar de serem contabilizadas receitas maiores.

Existe preocupação no setor, porque a conjuntura não parece muito favorável, desde que houve em 2005 um crescimento muito grande na produção, acima de 13%, redução no ritmo das exportações e consumo interno estagnado num patamar muito baixo, como vem ocorrendo historicamente, apesar de ter havido queda de cerca de 3% no preço dos produtos lácteos. Para completar o quadro desfavorável, houve aumento de 44% nas importações.

Além disso, a ocorrência de febre aftosa também serviu para deprimir os preços em várias regiões. Todos esses fatores se associaram para elevar a oferta e, inevitavelmente, o resultado foi a redução de preços na ponta da cadeia, um fato difícil de ser solucionado em curto prazo, quando somente cerca de 2,5% do leite se destinam à exportação e a taxa cambial permanece desfavorável para vendas externas, mas estimulante para importações.

O comportamento oscilante dos preços pagos aos produtores pode ser atribuído principalmente a fatores essenciais para o mercado, como baixo consumo, produção em crescimento, queda no volume de exportações e aumento das importações. Quando foi abruptamente inserida na economia de mercado, a lei da oferta e procura passou a determinar o valor do produto. Até a época em que o governo estabelecia preço mínimo, chamado de tabelamento ou intervenção, o efeito favorável da medida para o produtor não era percebido por causa dos índices elevados de inflação e pelo resultado da planilha de negociação que superestimava custos e criava a ideia de preços injustos.

Terminada essa fase, os produtores não tiveram tempo, conscientização, nem disposição de compreender as implicações do fato e também não entenderam que os preços oscilantes são uma realidade para os produtos agrícolas, e que, na globalização, estes são afetados também pelo comportamento do mercado externo. Fato semelhante ocorreu nos Estados Unidos, pois até 1989, o governo determinava um preço de garantia relativamente elevado e o preço real do leite numa série histórica mostrava um comportamento de relativa estabilidade. As análises mostram que, após a medida, o produto praticamente entrou na economia de mercado e a variação média dos preços passou a ser oscilante e afetada pela oferta e procura. Por exemplo, o ano de 2002 foi problemático porque o preço efetivamente recebido pelos produtores ficou o ano todo abaixo da média histórica e os fazendeiros não conseguiram cobrir depreciações, juros sobre o capital empatado, nem a remuneração do empresário.

A recuperação americana veio no final de 2003 e, durante 2004 e 2005 houve melhoria com preços bem acima da média histórica, mas os produtores sabem que quedas serão inevitáveis no futuro, com a elevação da oferta. Com o leite na economia de mercado, deve-se esperar preços oscilantes e, no Brasil, a valorização do produto provoca um aumento considerável na oferta pelo incremento da produção em rebanhos de corte. Leite vendido a R$ 0,62* o litro, como no período favorável de 2004 e 2005, é um grande estímulo para sua extração.

Trabalhar com a expectativa de preços com quedas e elevações mais ou menos acentuadas é essencial para a sobrevivência em anos ruins. Os produtores eficientes que conseguem utilizar somente 50 a 70% da renda para pagar as despesas com custeio têm reservas para a crise, mas os que despendem 90 a 95% serão obrigados a trazer dinheiro de fora para manter a atividade.

Aceitar e se preparar para preços com comportamento de 'montanha russa' não é fácil, mas pode ser viável com mudanças de atitude, para que haja renda compatível com os custos de produção. Incremento de renda, usando eficientemente os recursos existentes, é o segredo para que exista lamentação ao invés de desespero em épocas de crise.

INVESTIMENTO NO LEITE

REVISTA BALDE BRANCO - Nº 504 - OUTUBRO DE 2006

Levantamentos de fazendas em diferentes épocas têm revelado que um dos problemas críticos para a economia da atividade é o fato de que o capital investido nem sempre é compatível com a renda, porque o volume de leite é geralmente pequeno. A pouca capacidade produtiva dos sistemas é consequência do uso de animais não especializados que determinam uma pequena porcentagem de vacas em lactação e da estrutura do rebanho pela existência de poucas

---

* Dólar em 01.03.2006 cotado a R$ 2,1181

vacas. Nessas condições, se torna evidente que o investimento para produção não terá boa remuneração.

Por tais motivos, a atividade leiteira é, de maneira geral, considerada como um negócio pouco atrativo ou mesmo ruim, como, muitas vezes, é caracterizado. No caso de explorações extensivas, a maior parte do capital investido é representada pela terra, que, em nosso meio, é sempre considerada como investimento, em vez de recurso produtivo, tanto que 60 a 80% do capital alocado em fazendas mal conduzidas dizem repeito à área que, com frequência, é também utilizada pela reria de machos.

Por tradição, certamente estimulada pela abundância e facilidade de obtenção de crédito subsidiado, que existiu no passado para edificações e aquisição de máquinas e equipamentos, geralmente as fazendas leiteiras consideradas mais organizadas investem muito, sem uma análise mais detalhada dos benefícios. Esse fato resulta em alocação exagerada de recursos em infraestrutura em relação à produção, o que onera de maneira decisiva os custos totais de produção.

Observando análises econômicas de propriedades leiteiras, é possível verificar que as depreciações de máquinas, equipamentos e pastagens podem representar, em alguns casos, 30% ou mais do custo de produção. Além disso, a remuneração do capital investido também afeta de modo decisivo as avaliações econômicas, porque sempre o custo está relacionado com a produção, que sendo baixa, não dilui o peso da remuneração do capital investido sobre o custo total.

Inúmeras fazendas possuem mais edificações, máquinas e equipamentos que os necessários, porque existe também a tendência de começar pequeno para estabelecer um crescimento lento, se a atividade for interessante, criando assim a desproporção observada com frequência. Em outros casos, o rebanho é diminuído por causa das crises, quando o pagamento das dívidas é realizado com a venda de matrizes ou novilhas que possuem grande liquidez e, assim a produção é reduzida, mas a infraestrutura não é modificada, pela esperança de voltar a crescer, o que nem sempre acontece.

A incapacidade de dimensionar corretamente as necessidades reais do sistema promove o uso de edificações grandes e desnecessárias, um problema encontrado com frequência e, em alguns casos, o desconhecimento de recomendações técnicas leva também a problemas sérios para os animais, que são prejudicados por condições impróprias. Um exemplo característico é a construção de bezerreiros totalmente fechados, que, além de caros, resultam em índices mais elevados de doenças respiratórias e em mortalidade.

O investimento no rebanho é muito importante para a correção da desproporção existente entre produção ou renda e capital empatado na fazenda inteira. O rebanho pode representar uma parcela significativa do investimento e, por esse motivo, a qualidade e a capacidade produtiva assumem importância muito grande para a economia da atividade. Por esse motivo, é preciso dar ênfase ao número de vacas em lactação por hectare por ano, que caracteriza não só estrutura do rebanho, mas também o acerto nas práticas de manejo empregadas.

Para aumentar a produção de leite, não basta ter vacas com produção diária elevada, sendo também essencial aproveitar efetivamente o potencial produtivo instalado (terra e rebanho), para que seja possível haver compatibilidade entre o capital empatado e a renda, porque cerca de 80 a 90% são provenientes da venda de leite em fazendas cujo objetivo maior seja a produção.

Infelizmente, pouca ou nenhuma ênfase é dedicada à importância de se considerar o investimento feito nas fazendas leiteiras. Não existe a preocupação de saber o quanto é investido por vaca, a relação entre renda bruta e o capital empatado, e quanto seria adequado investir por hectare para se obter condições apropriadas para a produção. Com o gerenciamento profissionalizado, começa a existir no país a preocupação com avaliações mais criteriosas do leite como atividade econômica.

SIGNIFICADO DE UM LITRO DE LEITE

REVISTA BALDE BRANCO - Nº 514 - AGOSTO DE 2007

Não existe no meio rural brasileiro preocupação com pequenas quantidades de leite, talvez, porque grande parte das vacas termine a lactação produzindo muito pouco após sete ou oito meses de produção e o acontecimento não recebe a devida atenção. Também não se atenta para o fato de que, em casos de ordenhas mal conduzidas com vacas de boa capacidade produtiva, pode permanecer no úbere o leite residual que representa uma perda diária considerável, se o rebanho for grande.

Ao mesmo tempo, a ordenha com bezerro ao pé da vaca, uma prática generalizada, indica que não existe interesse no controle da quantidade ingerida e há o desconhecimento do que foi usado na alimentação da cria. Técnicas de desmama precoce com fornecimento de leite por somente 40 a 45 dias, sem prejuízo para a bezerra, raramente são empregadas em sistemas que adotam aleitamento artificial, apesar de serem usadas por mais de 50 anos, visando à economia. A utilização de sucedâneos de boa qualidade, uma técnica pouco adotada, dispensa o emprego de leite na criação de recém-nascidos, com economia e resultados favoráveis comprovados por pesquisas antigas e aplicação em várias regiões do mundo.

Um litro de leite contém uma quantidade pequena de nutrientes, porque de 86 a 88% do produto é água. Entretanto, a porção sólida tem valor nutritivo incomparável e também preço elevado. Considerando que um litro pode valer ao produtor atualmente R$ 0,65*, o valor de um quilo de sólidos seria algo em torno de R$ 5,00, o que torna o leite um alimento muito caro para ser usado indiscriminadamente na alimentação das crias. Um litro de leite fluido não chama a atenção no dia-a-dia das famílias, quando comparado com a quantidade de outros produtos, porque o hábito se restringe geralmente a um pingado ou a uma pequena xícara em mistura com café na refeição matinal de cada pessoa. Entretanto, no mês, o litro representa 16% do salário mínimo** da atualidade, o que o torna significativo como alimento.

Aumentos de produção de um litro de leite por vaca do rebanho por dia podem ter um impacto muito grande na economia do processo de produção, apesar de a quantidade parecer pequena. O fato não desperta curiosidade porque o número de vacas nas fazendas não é grande e o conceito de produção por dia de vida útil raramente é utilizado. Entretanto, para fazendas com 3.000 matrizes, como ocorre em outros países, o incremento anual de produção seria de 1.095.000 litros. Por essa razão, os estrangeiros adotam práticas para incrementar a produção em pequenas quantidades porque a relação custo-benefício é favorável. Quando conceitos corretos de avaliação de produtividade são adotados, se torna possível entender o significado de não perder ou de ganhar um litro por vaca, desde que a consideração seja feita em relação ao total de vacas existentes no rebanho.

Para o Brasil que tem fixação pela quantidade produzida e pretende ser exportador, um litro de leite a mais por vaca do rebanho por dia teria um significado surpreendente. O aumento de um simples litro resultaria em uma elevação anual de 7,5 bilhões de litros, uma quantidade próxima da produção da Argentina. Com dois litros, o aumento ultrapassaria a produção da Nova Zelândia, revelando um potencial imenso e inexplorado. A tarefa não é fácil porque existe a necessidade de modificar conceitos tradicionais de manutenção

* Dólar em 01.08.2007 cotado a R$ 1,8856.

** Salário Mínimo vigente de abril de 2007 a fevereiro de 2008, equivalente a R$ 380,00.

de rebanhos desestruturados e porcentagens baixas de vacas em lactação por ano nas fazendas, fatores pouco alterados com o correr dos anos.

Considerando os índices de produtividade médios do rebanho brasileiro de 2000 a 2005, período em que o total de leite cresceu 26%, a produção da vaca média do rebanho aumentou somente 53 g por dia no período, indicando que a tão proclamada melhoria do rebanho nacional precisa ser revista, porque não é fácil, como pode parecer à primeira vista, conseguir por dia um litro de leite a mais por matriz usada na produção de leite.

PENSANDO O LEITE - VOLUME II
QUALIDADE

O NOVO PRODUTOR DE LEITE

REVISTA BALDE BRANCO - Nº 398 - DEZEMBRO DE 1997

A modernização da pecuária de leite do Brasil deve, obrigatoriamente, passar por uma série de medidas de maneira a formar um conjunto harmônico, onde todos os aspectos são considerados em conjunto, visando à solução dos problemas crônicos provenientes do atraso conceitual em que se encontra. Medidas isoladas podem não trazer os resultados esperados e, muitas vezes, criar dificuldades novas, que antes não existiam ou eram detectadas.

Assim aconteceu com a introdução do confinamento total, trazendo problemas de casco, acidose, deslocamento de abomaso e outros distúrbios desconhecidos no país. Até mesmo a obesidade, resultado de alimentação excessiva e desequilibrada, chegou a afetar, de maneira grave, um dos primeiros rebanhos colocados em 'free stall' com resultados desastrosos e grande mortalidade de animais.

As tentativas de se utilizar o pasto para produções mais intensivas provocaram perda de recursos financeiros devido à degradação rápida das glebas recém-formadas, produções reduzidas no sistema e dificuldades imensas para coordenar o manejo do solo, da planta e do animal. Pelos motivos expostos, pode-se explicar o número relativamente diminuto de produtores capaz de manter, operar e conseguir resultados significativos usando sistemas modernos e adaptados ao final do século XX. As dificuldades encontradas pelo setor são as medidas de grande impacto para produtores, indústrias e, sobretudo, para os consumidores, que podem não ser bem entendidas, aceitas ou caracterizadas, se tornando algumas vezes verdadeiros problemas para todos.

Existe, portanto, a necessidade de se estabelecer uma uniformização de conceitos, práticas e atividades, visando à introdução da concepção tecnificadora de maneira suave e adequada. Por exemplo, onde se pretende introduzir a coleta a granel, considerada por muitos como a indicação real do início da modernidade do setor, não apenas pela eliminação do latão, uma peça de museu em regiões avançadas, mas, sobretudo, pelo desaparecimento da coleta, armazenamento e transporte de leite quente, que não poderia ser aceita sob o ponto de vista da saúde humana. A medida pode demorar um tempo relativamente longo, mas certamente virá.

A coleta a granel funciona onde as fazendas são iguais em termos de qualidade, composição e temperatura de armazenamento. Assim sendo, a qualificação do tanque depende da ocorrência ou não, nos refrigeradores, de contaminação bacteriana, de produtos químicos, da contagem de células somáticas e outros parâmetros indicativos de leite saudável e de bom rendimento industrial. Apesar de a proposta a princípio parecer boa, racional e moderna, poderá gerar problemas para todos. Por exemplo, se sabe que uma linha de coleta de leite não é sempre uniforme em termos de quantidade e, sobretudo, qualidade. Um caminhão que recebe leite excelente de quase todos os produtores, ao pegar o produto contaminado de uma só origem, irá estragar ou comprometer todo o tanque. O acidente poderia ser contornado se existissem testes rápidos para serem executados na fazenda, mas não existem, fato que compromete decisivamente o trabalho de coleta. Algumas observações em cooperativas indicam que de 80 a 85% das fazendas de leite tipo B podem produzir com excelente qualidade, porém, o leite levado ao laticínio, resultante da mistura de todos os outros é de qualidade baixa e as perdas econômicas muito grandes para serem desconsideradas em laticínios de qualquer porte.

Nos países aonde a medida vem sendo adotada há anos, tudo funciona harmonicamente porque fatores como indenização de toda carreta contaminada, multa e, até mesmo, expulsão do quadro social, já estão incorporados à cultura do produtor de leite. A nova concepção requer tecnificação para auxiliar na eliminação de problemas de qualidade, no manejo correto da retirada de leite, nas flutuações acidentais, na manutenção consciente das ordenhadeiras, etc.

Ao produtor resta, a partir de agora, entender que todos passaram a fazer parte de uma família e que precisa mudar para não transferir aos outros as suas deficiências e ter consciência de que não pode reduzir os ganhos de seus parceiros e da cooperativa. Consciência e hombridade devem ser as palavras de ordem nos tempos que estão chegando, para garantir ganhos significativamente maiores para quem produz um produto branco, com gosto de leite, reconhecido pela grande maioria dos brasileiros.

QUE O HOJE NOS PREPARE PARA O AMANHÃ

REVISTA BALDE BRANCO - Nº 400 - FEVEREIRO DE 1998

É bem evidente na atualidade o fato de que o parque industrial de laticínios está cada vez mais procurando obter leite de boa qualidade. A tendência pode ser atribuída à competição crescente, à exigência de consumidores mais conscientes, ao maior rendimento industrial e, até mesmo, às condições para exportações futuras para o grande mercado latino-americano. Pagamento de leite pela qualidade é a palavra do momento, e tecnologias desconhecidas para a maioria dos fazendeiros são, de certa maneira, impostas através do pagamento diferenciado do leite resfriado, com baixa contaminação bacteriana e composição físico-química compatível com o que se considera leite em qualquer local do mundo.

Paradoxalmente, as empresas de laticínios estão investindo mais na formação de técnicos aptos a auxiliar ao produtor na mudança da capacidade produtiva, eficiência, mas não em conceitos efetivos que contribuam para uma matéria prima que possa ser considerada de boa qualidade. É fato notório e reconhecido que as universidades e escolas técnicas não preparam indivíduos aptos a desempenhar um papel importante para o mercado atual e futuro.

As transformações estão ocorrendo de maneira rápida e irreversível e, por isso, tem despertado entre alguns fazendeiros, principalmente produtores de leite tipo C, um sentimento de desconfiança, perplexidade e revolta, pois sempre produziram o mesmo produto sem reclamações num passado não muito distante, fato que também ocorreu com os seus ancestrais. Por que, então, de repente a maneira como produzem leite perde sentido e aparece a necessidade de alguns investimentos que muitos não podem fazer, usar práticas que desconhecem e alterar todo o conceito até então adotado? Por outro lado, produtores de leite tipo B descobrem que instalações e equipamentos sofisticados de ordenha, uniforme branco para os ordenhadores não são capazes de garantir leite de boa qualidade, pois nessas fazendas também existe a necessidade de mudanças que são desconhecidas e, portanto, não adotadas.

O que está ocorrendo no Brasil neste final de século XX já foi motivo de preocupação para os fazendeiros das regiões, hoje, consideradas evoluídas. Escrevendo suas memórias, um produtor norte-americano descreveu as desventuras por que passou quando não existia cooperativa em sua região: *"tinha que ordenhar à mão, tentar esfriar o leite nos latões mergulhando-os na água do córrego e transportá-los em carroça até o laticínio"*. Tudo isso ocorreu na década de 1930, e ele fez então uma pergunta que ficou sem resposta: *"como era possível produzir leite de qualidade?"*.

Na Inglaterra de 1939, 85% dos rebanhos eram ordenhados à mão, o leite transportado quente em latões por distâncias relativamente longas, o que com toda certeza, prejudicava a qualidade do produto. Falta de eletricidade no meio rural, rebanhos pequenos que não possibilitavam investimentos, trabalho humano barato e, principalmente, desconhecimento, foram fatores responsáveis pela manutenção de métodos que provocaram a saída em massa de produtores para outras atividades agrícolas. Atualmente, os fazendeiros recebem preços diferenciados de acordo com o destino do leite (consumo ou indústria), mas todos produzem com as mesmas características bacteriológicas e físico-químicas. Com a entrada de regulamentos sobre a contaminação com resíduos químicos, o conceito de qualidade foi então novamente alterado.

A verdadeira revolução por que passa o setor leiteiro do Brasil deve provocar, em vez de revolta, um alerta para que o produtor se prepare para o futuro. Quem não se adaptar para o amanhã certamente terá dificuldade de permanecer no setor, por pressões dos laticínios e dos outros fazendeiros, que terão consciência de que alguns podem estragar o seu esforço de produzir com qualidade. A mistura nas plataformas de recepção e nos caminhões-tanque nivela o leite por baixo e, com isso, a remuneração final ao fazendeiro é penalizada por aqueles que, mantendo práticas tradicionais, não conseguem alterar a qualidade do produto produzido.

LEITE DE QUALIDADE

REVISTA BALDE BRANCO - Nº 415 - MAIO DE 1999

"Como era possível produzir leite de qualidade naquelas condições?" Essa foi a pergunta apresentada por um bem sucedido produtor americano ao relatar, em seu livro de memórias, o desenvolvimento da fazenda estabelecida por seu avô, no início do século XX. Ele lembrou que, quando era criança, o leite era ordenhado à mão em um pequeno curral sem cobertura e, por isso, os encarregados pelo serviço almejavam um local fechado, onde teriam abrigo e conforto para a execução de um trabalho rotineiro e cansativo.

Mais tarde, mesmo com a mudança das vacas para outra fazenda, onde existia um estábulo, a ordenha continuava manual, não havia eletricidade, resfriadores, e o leite tinha de ser transportado 'quente' em uma carroça até o laticínio, dentro de latões. Nos dias mais quentes, se tentava resfriar o leite colocando os latões dentro de recipiente contendo água retirada de um poço, através de bomba manual, mas o esforço nem sempre era recompensado. O trabalho executado pelos proprietários da fazenda era consciente, dedicado, mas as condições existentes não ofereciam oportunidade para a produção de um leite que pudesse ser, nos dias atuais, considerado de boa qualidade.

Refletindo sobre os fatos relatados, pode-se perguntar se podem ser encontradas, hoje, no Brasil, condições para produzir um leite que pudesse ser analisado por padrões internacionais e considerado de boa qualidade. Não existem informações sobre as fazendas produtoras, mas é certo que são poucas as que apresentam uma infraestrutura básica capaz de garantir vacas saudáveis e bem nutridas, ordenha higiênica para evitar a contaminação bacteriana e de corpos estranhos, recipientes limpos para manipulação e transporte e, sobretudo, resfriamento rápido do leite produzido até 4ºC.

O manejo do rebanho deve também ser adequado para que o leite não contenha antibióticos, pesticidas, micotoxinas e sabor e odor estranhos. Infraestrutura não significa a existência de prédios, instalações, equipamentos de ordenha, roupa branca para os ordenhadores, azulejos nas paredes, mas, sim, uma concepção correta do que é produzir leite de qualidade. A ordenha mecânica não garante, por si só, a obtenção de leite livre de contaminação, pois a limpeza, a operação e a manutenção dos equipamentos e a maneira de ordenhar podem afetar a qualidade do leite produzido.

No início do estabelecimento do leite tipo B, algumas fazendas só conseguiam atingir o padrão exigido quando utilizavam a ordenha manual, fato que causou perplexidade nos produtores que fizeram investimentos em equipamentos e não contavam com conhecimento nem pessoal habilitado para executar a tarefa. A contaminação bacteriana do leite produzido em ordenha mecânica pode ser atribuída à limpeza e à manutenção inadequadas, ocorrência de surtos de mastite e operação malfeita. A presença de coliformes fecais pode ser consequência da lavagem da vaca e do úbere, possibilitando o escorrimento de água suja para dentro das teteiras.

Muito leite é diariamente contaminado por mangueiras e bombas sujas, usadas na coleta a granel. Uma fazenda que entrega leite de baixa qualidade pode contaminar todo o carregamento de um caminhão tanque, anulando assim o esforço feito por outras para produzir um produto de qualidade. O fator humano é sem dúvida, o que falta para que muitas fazendas bem estruturadas possam também produzir leite de qualidade.

O que comentar sobre a maioria dos produtores do Brasil, que além de não terem a concepção correta para obtenção de leite de qualidade, também não possuem nenhuma estrutura? Levantamentos realizados em Minas Gerais, o Estado líder na produção, revelaram que só 6% das fazendas usavam ordenha mecânica, e que os indivíduos que cuidavam da atividade não tinham conhecimentos básicos.

Quantidade expressiva de leite é produzida em currais de terra com ou sem cobertura, o que possibilita, além de contaminação bacteriana, também a presença de impurezas, detectadas nos filtros dos laticínios e nos testes de lactofiltração. Desde o início do século XX, sabe-se que a refrigeração na fazenda colabora para que o padrão do leite produzido seja mantido, mas os tanques de expansão não serão capazes de melhorar o produto. Se não for produzido de maneira adequada, o leite nunca atingirá padrões de alta qualidade.

Os fatos relatados podem ser importantes quando se consideram os estudos e as propostas que estão sendo apresentados para mudar o padrão do leite produzido no Brasil. Deve-se ter consciência de que somente legislação não será capaz de criar as condições indispensáveis, havendo necessidade de se investir também em infraestrutura e no treinamento de todos os envolvidos com o processo de produção. Só com pessoas conscientes será realmente possível produzir nas fazendas brasileiras um leite de boa qualidade.

CONCEITOS DISTORCIDOS

REVISTA BALDE BRANCO - Nº 441 - JULHO DE 2001

A consciência da fragilidade do ecossistema em que vivemos é, hoje, uma realidade e esforços têm sido dirigidos no sentido de preservar o solo, o ar, as plantas, os animais e o homem, objetivando manter o planeta habitável para as gerações futuras. Dentro desse contexto, ênfase tem sido dada à produção de alimento saudável e nutritivo. O objetivo é garantir uma vida longa e prazerosa, livre de riscos de contaminação com produtos prejudiciais, tóxicos ou potencialmente perigosos para o desencadeamento de doenças difíceis de serem vencidas.

O movimento ganha corpo. São criadas associações e organizações não governamentais, a mídia dedica um espaço considerável às reivindicações e aos protestos, e o comércio de produtos rotulados como naturais é uma realidade econômica inquestionável. Trata-se de uma visão correta, que deve ser estimulada e apoiada. Ninguém discute a validade do ambiente saudável para o ecossistema do Planeta Terra.

Entretanto, evidências indicam que existe um risco muito grande de conceitos distorcidos, errados e sem fundamento prevalecerem por ação de grupos fanáticos que, com a melhor das intenções, podem prejudicar a humanidade, desviando a atenção para fatos sem muita importância, em detrimento de outros que são realmente preocupantes e merecedores de atenção e, sobretudo, solução.

Um exemplo característico é o corte de árvores isoladas que podem desencadear reações histéricas, sem justificativa, pois outra pode ser plantada no local, às vezes, com vantagens para o ambiente. Por outro lado, a aração e o cultivo de terrenos inclinados, no sentido morro abaixo, promove uma perda irreparável e significativa de solo, sem que haja movimentos de alerta, protesto ou pressão.

Estimativas antigas indicaram que sistemas de plantio no sentido da declividade provocavam perdas anuais de 26 toneladas de solo por hectare, que concorrem para assoreamento de rios e lagos, alterando de maneira irreversível o ambiente. Apesar disso, ainda não existe legislação para o uso adequado e racional do solo, que nos Estados Unidos, por exemplo, foi estabelecida no início do século XX.

Nos países considerados desenvolvidos, o setor leiteiro sofre um controle muito grande devido ao grande poder poluidor de vacas confinadas. O acúmulo e a distribuição de quantidades maciças de esterco no solo, o perigo de contaminação do lençol freático, dos cursos de água e dos lagos são reconhecidos e, por isso, regulamentados. Também a emissão de metano para a atmosfera por parte dos ruminantes é assunto estudado e recebe atenção em várias partes do mundo.

A vigilância sanitária exerce um controle efetivo sobre a qualidade de leite, carne e outros produtos de origem animal, sendo bem conhecidos os casos de contaminação radiativa devido a problemas com usinas nucleares, por resíduos de pesticidas nas pastagens e, por dioxina, pelo uso da polpa de laranja. Todas essas medidas são necessárias, mas por outro lado, os produtores também enfrentam pressões injustificáveis por parte de populações urbanas que mudam para condomínios no campo e processam as fazendas por poluição olfativa, um fato que existia no local há várias décadas, mas é considerado intolerável pelos ambientalistas.

Fatos dessa natureza se constituem em distorções sérias sobre o conceito de preservação do ambiente e podem prejudicar seriamente a agricultura. No Brasil, as fazendas leiteiras ainda não sofrem pressões, como agentes poluidores ou capazes de ameaçar o ambiente, porque os sistemas predominantes utilizam pastagens com baixa lotação e a consciência dos riscos da produção extrativa para ambiente não recebeu ainda a devida atenção. Entretanto, estão sendo apresentados fatos, sem embasamento científico, apontando o leite e seus derivados como alimentos de risco, impróprios para uma dieta natural e saudável.

Por outro lado, o movimento para a produção do leite chamado orgânico, também distorce a realidade propondo medidas desprovidas de racionalidade ou embasamento científico, em nome de um princípio que toda a humanidade procura e não somente alguns. As normas proíbem o uso da ureia, que no rúmen se transforma em amônia, um componente natural e importante para os micro-organismos, mas permitem o uso de tortas oleaginosas que frequentemente estão contaminadas por toxinas de fungos, que saem no leite, são perigosas e prejudiciais para a saúde humana. Outras distorções podem ser apontadas, como o uso de farinha de ossos autoclavada, por ser uma fonte mineral orgânica, e de pastagens naturais que fornecem alimento deficiente para vacas leiteiras, por serem cultivadas em solos de baixa fertilidade.

Espera-se que conceitos racionais sejam aplicados para a produção de leite orgânico no país, de maneira a atender um segmento que procura alimentação tão saudável quanto à oferecida pela produção tecnificada, que também se preocupa com qualidade.

ATUALIZAÇÃO DO SETOR LEITEIRO

REVISTA BALDE BRANCO - Nº 470 - DEZEMBRO DE 2003

Fatos muito significativos para o setor leiteiro têm ocorrido ultimamente, trazendo a certeza de que mudanças deverão acontecer, se algumas barreiras fortes e sólidas forem ultrapassadas. A coleta de leite refrigerado nas fazendas foi o primeiro passo, seguido do estabelecimento de laboratórios para monitoramento da composição e qualidade do produto. A entrada em funcionamento de equipamentos para caracterizar a contaminação bacteriana, adquiridos pelo Ministério da Agricultura, Pecuária e Abastecimento veio completar o arsenal de instrumentos para oferecer aos brasileiros a oportunidade de, no início do século XXI, ter a oportunidade de consumir leite e produtos lácteos de melhor qualidade.

Apesar de todas essas medidas estarem chegando com quase 50 anos de atraso em relação aos países desenvolvidos, isso deve ser motivo de júbilo e de reconhecimento ao grupo de pessoas que lutou contra tudo e todos para introduzir conceitos de modernidade, a fim de garantir alimentos adequados para a população, abrir perspectivas para exportação e colocar o país no contexto de nações desenvolvidas.

O foco de resistência para o que pode ser considerada atualização do setor leiteiro, e não modernização como tem sido propalado, está concentrado na concepção de que as medidas necessárias promoverão a exclusão dos pequenos produtores, ideia alimentada mais por conceitos ideológicos do que reais ou racionais. Na maioria dos países desenvolvidos, a fazenda média ainda é pequena (em área e número de animais), mas quando as medidas em discussão atualmente por aqui foram implementadas naquelas regiões, meio século atrás, as propriedades produziam muito pouco leite em relação à situação atual.

A redução no número de produtores, observada em várias nações, não tem sido atribuída necessariamente ao tamanho, apesar de se reconhecer que escala promove um problema econômico em qualquer atividade produtiva rural ou urbana. O fato é devido também a fatores desvinculados de tamanho relativo, como renda maior em outras atividades agrícolas, falta de aptidão, gerenciamento deficiente, desejo de viver em comunidades urbanas, desinteresse dos filhos em continuar no meio rural, pressão urbana com valorização das terras para loteamentos, etc.

Leite de boa qualidade, sob o ponto de vista de contaminação bacteriana e ausência de corpos estranhos, está relacionada com práticas de higiene, que independem de tamanho da propriedade rural e do sistema de ordenha. Composição química depende da raça e nutrição, mas com animais de baixa produção, os efeitos são imperceptíveis, a não ser em casos de deficiências muito sérias que ocorrem tanto em fazendas grandes como pequenas.

Estudos mostram que a contagem de células somáticas não é um problema atual, como consequência do baixo potencial produtivo do rebanho médio encontrado no país. A disseminação de tanques de expansão pode ser mais limitada por deficiências de eletrificação no meio rural do que pelo tamanho das fazendas. Estudos sérios já mostraram que existe viabilidade de tanques comunitários, e um pouco de imaginação e vontade poderá, quem sabe, criar perspectiva de financiamento para os lacticínios visando à colocação de equipamentos na forma de comodato em determinadas fazendas, como acontece em outros países, fato que, além de garantir qualidade, contribuiria para introduzir o conceito de fidelidade.

O que não pode continuar acontecendo é ouvir um produtor dizer que é bom quando ocorre seca prolongada ou geada, porque nessas condições tudo o que é branco vira leite, ou ainda, ouvir de um fazendeiro que ferve o leite que consome, logo depois da ordenha, para garantir qualidade na geladeira de sua residência, e afirma não se preocupar com o fato do produto que vende em latões ficar sem fervura e refrigeração até o meio do dia, quando chega ao posto de recepção para, então, ser processado.

Com toda certeza, as pessoas resistentes às medidas que visam obter matéria prima de melhor qualidade nunca viram o filtro dos postos de recebimento de um alimento que será consumido por seus familiares. A boa qualidade do leite possibilitaria maior rendimento industrial e maior duração dos produtos comercializados, além de sabor mais agradável e característico de produtos lácteos.

Quem já visitou fazendas pequenas no mundo desenvolvido sabe que qualidade de leite nada tem a ver com suntuosidade, grandes investimentos ou sofisticação. Trata-se, na realidade, da aplicação de conceitos desenvolvidos no passado para o consumo de lácteos de boa qualidade nos dias atuais.

IN-51: REALIDADE POR TRÁS DA PRORROGAÇÃO

REVISTA BALDE BRANCO - Nº 562 - AGOSTO DE 2011

Desde 1º de julho de 2011, o Brasil deveria iniciar a produção de leite de padrão internacional com a entrada em vigor da terceira fase da Instrução Normativa número 51, determinando que a matéria prima para processamento nas regiões Sul, Sudeste e Centro-Oeste apresentasse redução significativa nos índices de CBT (Contagem Bacteriana Total) e CCS (Contagem de Células Somáticas), considerados referência em sistemas de produção bem estruturados e compatíveis com os encontrados na Europa, América do Norte e Oceania.

O mesmo padrão deveria ser aplicado nas regiões Norte e Nordeste um ano depois, banindo, assim, definitivamente do país, o leite sem qualidade. A medida também exigia que o produto ficasse armazenado nas fazendas em temperaturas de até 7ºC, para garantia do padrão microbiológico e, assim, todas as propriedades deveriam refrigerar o leite após a ordenha. A mudança proposta seria a terceira e final etapa do processo iniciado em 2005, com base nas instruções editadas em 2002, com o objetivo de promover a melhoria na qualidade do leite no Brasil, desde a ordenha na fazenda, até a chegada à indústria para o processamento.

No entanto, nove anos após a edição e seis anos depois da implantação da primeira etapa, o Ministério da Agricultura, Pecuária e Abastecimento prorrogou por seis meses a entrada em vigor das novas exigências de qualidade para a produção de leite, acatando argumentação das entidades de classe e da indústria.

Se aplicada, a medida retiraria do mercado um número muito grande, mas não especificado, de produtores, por não serem capazes de atender às exigências estabelecidas. Este fato traria problemas de abastecimento, porque a produção brasileira de leite não é grande, quando se considera a população.

A disponibilidade teórica de leite por habitante no Brasil é pequena, atingindo valores pouco acima de 150 litros por habitante, que contrastam com números acima de 500 litros encontrados em algumas regiões desenvolvidas. Supondo que, com a introdução da medida houvesse redução significativa na captação de leite, a disponibilidade teórica por habitante cairia, e não haveria condições para atender à demanda interna, mesmo considerando que o consumo de lácteos não é grande.

A saída forçada de produtores da atividade seria também problemática, porque é fato reconhecido, que a produção de leite tem no meio rural brasileiro um papel social muito importante, por ser, muitas vezes, a única atividade econômica e, assim, contribuir decisivamente para a formação da renda familiar de grande número de produtores. Além desse aspecto, deve-se também considerar que a atividade leiteira emprega muitas pessoas no campo e a redução no número de fazendas produtoras poderia provocar desemprego e êxodo rural. Por fim, a menor captação de leite traria também problemas sérios para as empresas processadoras com aumento ou aparecimento de ociosidade nos laticínios.

Considerando todos os problemas reais que a implantação da medida poderia trazer, a prorrogação do prazo foi correta, mas será o prazo de seis meses suficiente para mudar uma realidade que não foi alterada em cinco anos? É difícil acreditar que sim, considerando dados obtidos nos últimos anos em levantamentos sobre a situação da pecuária leiteira em diferentes Estados da região Sudeste, que mostraram um panorama médio de produção com características extrativistas. As fazendas produzem pouco leite, possuem um número pequeno de vacas em lactação por ano e a utilização do solo é precária, quando se considera a manutenção de menos que 0,5 vaca em lactação por hectare.

Além disso, a maioria das fazendas faz uso de ordenha manual, e a porcentagem das que adotam uma ordenha diária é alta, mesmo nos estratos de produção mais elevados. Os rebanhos não são adequados para a produção de leite, como consequência do elevado grau de sangue zebuíno das matrizes que são servidas por touros também não qualificados. Em resumo, não existem dados indicativos de que a produção de leite seja uma atividade bem estruturada ou organizada em bases empresariais.

Ao que tudo indica, a cadeia do leite se encontra, no momento, em uma encruzilhada. Ninguém discute a necessidade de se encarar com seriedade o problema da qualidade do leite, mas como propor uma mudança que exige profissionalismo nas fazendas leiteiras? A expansão da produção de leite, com a abertura de novas regiões produtoras, tem sido feita em fazendas de criação de gado de corte, e o conceito extrativista que ainda existe em áreas consideradas leiteiras se expande, mas o setor não evolui no tempo.

Não seria o caso de atender à demanda do setor produtivo para mudança lenta, mas com seriedade e firmeza, porque somente com orientação e determinação será possível iniciar a reestruturação do setor para produzir leite de padrão internacional. O longo prazo de adaptação concedido pela IN 51 não surtiu efeito, porque não havia consciência de que a estrutura produtiva era problemática e precisaria ser revista.

PENSANDO O LEITE - VOLUME II

RECURSOS HUMANOS

O PROBLEMA INSOLÚVEL

REVISTA BALDE BRANCO - Nº 368 - JUNHO DE 1995

Existem, às vezes, problemas que se arrastam por longos períodos de tempo, aparentemente sem solução. Qualquer conversa no setor leiteiro invariavelmente termina nas dificuldades impostas pela mão de obra desqualificada, escassa e considerada responsável por muitos dos grandes problemas da atividade. Escritos antigos, de diferentes épocas, já apontavam a força de trabalho como um dos entraves para o desenvolvimento de uma pecuária leiteira desenvolvida e estruturada.

As dificuldades e preocupações permanecem inalteradas até hoje, mas a barreira parece crescer com a rápida urbanização do país e a permanência no campo de poucos indivíduos, aparentemente desqualificados para um trabalho tão sério, difícil e produtivo.

Qualquer análise do desenvolvimento histórico da pecuária leiteira dos países considerados desenvolvidos mostra que a mão de obra nunca foi considerada empecilho para o setor. A explicação reside no fato de que a atividade foi estabelecida com base no trabalho familiar, no qual o dono, a esposa e filhos executam com interesse e determinação um trabalho que deveria remunerar o capital e deixar sobras. Até hoje, é possível ouvir dos produtores a afirmação de que tiram leite por gosto e, sobretudo, por dinheiro.

Com o estabelecimento de grandes rebanhos, os produtores do mundo desenvolvido foram obrigados a contratar funcionários fixos para a execução de atividades que não eram mais capazes de cumprir. De início, apareceram problemas como maior mortalidade de bezerros, deficiências na detecção de cio, etc., mas a seleção e o pagamento de melhores salários ajudaram a solucionar as dificuldades encontradas da época.

Um produtor americano que visitou o Brasil revelou que teve que executar em sua fazenda cerca de 6.000 ordenhas e tratos sem uma falta sequer. Então, numa determinada época, decidiu expandir a escala, ampliando o rebanho para um nível onde sentiu necessidade de contratar mão de obra permanente. Seus empregados, todos mexicanos, de nível cultural baixo e considerados muitas vezes trabalhadores preguiçosos, ruins e despreparados em seu país de origem, são produtivos e determinados na fazenda americana. Na avaliação do fazendeiro, existe necessidade de seleção, acompanhamento e orientação, e o fato de sua família continuar trabalhando ativamente cria uma escola permanente de ações e atitudes corretas para com a atividade leiteira. A postura do empregado em relação ao trabalho foi atribuída ao ambiente e à remuneração.

Quantos trabalhadores rurais que mudaram para as grandes cidades brasileiras conseguiram sucesso na execução de tarefas desconhecidas e complexas para o seu nível cultural? Certamente muitos, porque o desenvolvimento de vários setores da economia se fez com grande transferência de mão de obra do campo. Depois que abandonaram o meio rural, os migrantes tiveram que passar por períodos de adaptação, onde as atitudes e posturas foram reformuladas. Treinamento, acompanhamento constante, orientação, cobrança de resultados e, sobretudo, ajuste ao novo emprego possibilitaram a antigos retireiros, tratoristas e trabalhadores braçais alcançarem não só melhores salários, como também maior satisfação. Muitas vezes, o trabalho realizado com objetivos definidos estimula e promove novos conceitos e atitudes, e desperta interesse e dedicação.

Esperar que indivíduos despreparados, desmotivados e sem conhecimento executem tarefas operacionais e administrativas, tomem decisões e procurem eficiência e produtividade no trabalho é utópico e contribui para perpetuar o problema da mão de obra nas fazendas brasileiras. A inexistência de um padrão de trabalho a ser seguido dificulta o equacionamento de atitudes racionais, e a monotonia da atividade contínua e sem sentido impede dedicação, determinação e consciência da necessidade do trabalho bem feito. Não seria o caso de se repensar seriamente sobre o modelo que prevalece na maioria das fazendas brasileiras e procurar, através do treinamento e motivação, um padrão empresarial para resolver o grave e insolúvel problema da mão de obra do setor leiteiro?

ADMINISTRADOR DE FAZENDA DE LEITE

REVISTA BALDE BRANCO - Nº 466 - AGOSTO DE 2003

No meio rural brasileiro, manejar o rebanho tem o significado de executar atividades visando à aplicação de práticas, técnicas e ações com objetivo de manter a atividade funcionando satisfatoriamente. Por esse motivo, se fala em manejo de bezerros, novilhas, vacas, pastos, etc. como se fossem atividades separadas e estanques, já que cada uma tem suas peculiaridades. As ações são especificadas e se espera que sejam seguidas em cada um dos segmentos, pois os conceitos tecnológicos podem ser conhecidos, uma vez que existem, hoje, conhecimentos para equacionar propostas para cada atividade a ser desenvolvida na fazenda.

Entretanto, é comum encontrar problemas e resultados insatisfatórios como consequência de enganos conceituais, mesmo em fazendas que possuem projetos minuciosamente elaborados, porque não cabe ao administrador, dentro do conceito usado em nosso meio, visualizar no dia-a-dia e no tempo a operação como um todo, mas, sim, fiscalizar que atividades são executadas. O manejo do rebanho tem que ser encarado sob outro ponto de vista, ou seja, como uma atividade integrada de tomada de decisões técnicas e administrativas. Ao administrador, cabe um papel diferenciado na condução da fazenda leiteira, vista agora como uma atividade empresarial e complexa.

Manejo, de acordo com os dicionários brasileiros, significa administração, gerência ou direção de uma determinada atividade, ao passo que em regiões de pecuária evoluída, o termo pode ser definido em função de fazendas e caracterizado como operação, manuseio, utilização de meios, direcionamento, avaliação, prudência e tomadas de decisão na condução de atividades com animais.

Para o gerenciamento efetivo de fazendas produtoras de leite, há, então, a necessidade de se considerar o custo e o risco da tomada de decisão, o grau de complexidade para a aplicação dos conceitos preconizados, o tempo necessário para obtenção de resultados favoráveis, a veracidade e a credibilidade das recomendações recebidas, a validade da proposta em relação às condições existentes na fazenda e a compatibilidade da técnica recomendada com as condições existentes no local.

O termo, na realidade, significa uso consciente de princípios técnicos, mão de obra, recursos naturais e ação administrativa, alocando as ferramentas disponíveis para atingir metas definidas explorando rebanhos estabelecidos com a finalidade de obter bons resultados zootécnicos e econômicos. Sob o ponto de vista empresarial, o que se espera do administrador é a capacidade de identificar e avaliar problemas e de, com critério, estudar e propor alternativas analisando a relação custo:benefício da ação a ser implementada, tomando decisões acertadas para a solução das dificuldades caracterizadas.

Além desses aspectos, caberá a ele as decisões relacionadas com a determinação de objetivos, alocação de recursos, planejamento e implementação de ações, avaliando metas a serem estabelecidas. Assume também importância a atitude de procurar a solução das dificuldades ao invés de caracterizar as razões que não podem ser suprimidas, se tornando assim parte da solução, em vez de se incorporar ao problema. Determinar prioridades para ações corretivas, trabalho rotineiro ou incorporação de novas ações pode contribuir para que as metas e os resultados sejam mais facilmente atingidos.

A complexidade de uma fazenda leiteira e a interação entre os seus diferentes segmentos exigem ações integradas, e não faz sentido introduzir uma simples atividade para melhorar o todo, nem experimentar propostas sem fundamento técnico para ver o que acontece. O administrador deve ter vivência para enxergar o todo, mas também conhecimento teórico ou ser capaz de entender o significado de tecnologia para manejar o rebanho. É essencial que seja pessoa qualificada, com escolaridade e apta a desenvolver programas de manipulação integrada de fatores produtivos dentro da propriedade.

Vários artigos foram publicados no passado caracterizando que a falta de técnicos e de administradores de fazenda preparados para assumir a direção dos negócios (quando o dono não trabalha no local) são entraves sérios para a introdução de tecnologia em regiões em desenvolvimento, porque poucos resultados podem ser obtidos na implementação de planos bem elaborados. Proprietários desvinculados do meio, sem conhecimento técnico científico, contribuem pouco, como também técnicos de boa formação, mas incapazes de enxergar o conjunto e as interações podem não oferecer o que seria necessário para uma fazenda leiteira ser bem administrada.

POR ALGO MELHOR QUE SER PRODUTOR?

REVISTA BALDE BRANCO - Nº 510 - ABRIL DE 2007

A produção de leite nem sempre foi considerada atrativa por ser típica de regiões pobres, onde existem pequenas fazendas familiares com baixa capacidade de geração de renda, sendo mantidas para garantir a sobrevivência da família e complementando ganhos auferidos em trabalhos externos. Por outro lado, está também associada à riqueza e ao poder, pois propriedades diferenciadas pertencentes a indivíduos com negócios nas cidades formam fazendas com investimentos muito elevados, sendo consideradas como de ‘alta tecnologia’.

Resultados econômicos desfavoráveis para os dois modelos, conceitos de preços injustos implantados pelas planilhas de negociação com o governo, destaque na mídia como atividade com dias contados e convicção de inviabilidade criaram, no passado, uma concepção nada favorável ao setor. Com racionalização das ações em unidades familiares e empreendimentos grandes e bem estruturados, o discurso e a mídia passaram a apresentar a produção de leite como viável, seja em pequenas unidades formadas com simplicidade ou em fazendas grandes e sofisticadas.

Apesar dos conceitos recentes, a certeza de resultados insatisfatórios sedimentados, discutidos e repetidos com intensidade criou uma barreira difícil de ser ultrapassada, mesmo que evidências contrárias, obtidas em fazendas acompanhadas por longos períodos sejam contraditórias, porque o sentimento de insatisfação, acrescido de evidências vividas, acaba falando mais alto.

É interessante ouvir produtores tradicionais contestarem dados reais com a argumentação de que os resultados apresentados são uma venda de ilusão para os menos avisados. Apesar da constatação cada vez mais frequente de que leite produzido com vacas persistentes, bem nutridas, sem estresse e saudáveis, de acordo com normas universais de produção tecnificada, pode ser interessante sob o ponto de vista econômico, a atividade parece não ser muito atrativa, apesar de largamente utilizada em todas as regiões do país.

No diagnóstico da pecuária leiteira de Minas Gerais, publicado em 2006, chama a atenção o fato de que metade dos produtores entrevistados acreditava que os filhos não continuariam na atividade: 53% dos filhos e 70% das filhas tinham emprego na cidade, e raramente, as esposas participavam dos trabalhos. Formação cultural à parte pode-se depreender, depois de verificar que somente 4,4% dos produtores consideravam a atividade lucrativa, que o leite não tem uma imagem muito favorável, porque 19% produziam por não saber fazer outra coisa; 11% porque consideravam que combina com outras atividades, e outros 11% pretendiam abandonar a atividade.

Essa visão prevalece no meio rural, mas nunca afetou o crescimento acelerado da produção, porque o leite é fonte de renda mensal e adotada espontaneamente quando existe possibilidade de captação do produto em regiões afastadas. Por ser conduzida de maneira extrativa, vem a ideia de que é fácil de ser executada, não exigindo nenhuma qualificação, a não ser a posse de vacas que reproduzem. Taxas de crescimento muito altas na região norte do Brasil revelam que continua a expansão com conceitos extrativistas em regiões típicas de gado de corte, seja por falta de outra opção ou por problemas de deficiências tecnológicas para implantação de outras atividades. O leite se estabelece quando surgem nas fronteiras unidades de compra para o processamento do produto.

A pesquisa mineira revelou que a média de idade dos produtores é de 52 anos, e estes exerciam a atividade há quase 20 anos. Os dados indicam, como sugere o estudo, envelhecimento do produtor e pequena substituição por pessoas mais jovens. Outra interpretação seria que produzir leite não atrai os que procuram possibilidades de ascensão econômica e social, com trabalho mais remunerador. A condução de fazendas sem aplicação de tecnologia leva à produção de quantidades pequenas de leite, que não remuneram o trabalho nem o capital, fato que pode ser agravado pela subdivisão das glebas por herança.

Um cenário desestimulador não motiva o jovem a se aventurar em produção de leite e, assim, a atividade fica restrita aos mais idosos, aos que não tem capacidade de mudar e aos acomodados. Índices de produtividade muito baixos, incapacidade de planejar e aceitar tecnologia para alterar a situação existente, e resistência a inovações são fatos que tornam a produção de leite pouco atrativa e contribuem para manter a crônica e baixa produtividade dos rebanhos.

O panorama reflete deficiências advindas da falta de oportunidade de mostrar para crianças e jovens, por meio de casos reais, que a atividade pode ser atrativa para o meio rural, e que os métodos usados pelos ancestrais, se deram algum resultado no passado, não são viáveis para caracterizar um negócio. Por falta de consciência e interesse, os jovens passam a procurar algo melhor que a produção de leite, que não trouxe satisfação aos pais ao longo dos anos e não desperta confiança nos que têm ambição por uma vida melhor.

QUALIFICAÇÃO PARA O TRABALHO

REVISTA BALDE BRANCO - Nº 513 - JULHO DE 2007

O ambiente exerce efeito pronunciado sobre a produtividade do rebanho leiteiro, quando se considera sobrevivência, crescimento de animais jovens, reprodução e produção das vacas. Os efeitos podem ser caracterizados pela maneira como o animal interage com outros membros do rebanho, com o homem e sua maneira de trabalhar, e também, com as condições encontradas nas instalações, ou determinadas pela movimentação, disponibilidade de alimento e água e condições climáticas.

Quando existem fatores desfavoráveis, os animais entram em estresse, o que influencia o bem estar e o desempenho, interferindo na capacidade de expressão de suas qualidades. Modo de manejar, maneira de agir, planejamento de instalações, localização e uso de pastos, escolha de relevo, técnicas de ordenha, formação de lotes, controle de parasitos e doenças são fatores importantes controlados pelo homem e responsáveis pelo sucesso nas fazendas leiteiras.

Na análise de fatores ambientais influenciando a produção de leite, raramente se dá ênfase à maneira como as pessoas se comportam em relação aos animais, apesar de se saber desde tempos imemoriais, que os bons pastores tinham características distintas no que diz respeito ao modo de agir, atenção, cuidados, poder de observação aguçado, e, sobretudo, interesse e dedicação.

Estudos realizados na Inglaterra revelaram haver correlação entre a personalidade de quem cuidava do rebanho e a produção de leite. Observaram também que pessoas que mostravam autoconfiança e temperamento mais introvertido conseguiam obter produções mais altas de leite. Foi sugerido que indivíduos autoconfiantes conseguiam transmitir tranquilidade aos animais e, assim, interagir com eles pela força da personalidade. Indivíduos mais qualificados eram quietos, atentos e tinham disposição para tratar as vacas com atenção e gentileza, e conduzir as operações de ordenha de maneira cuidadosa. Bovinos leiteiros especializados são dóceis, aceitam bem a aproximação com o homem e respondem favoravelmente quando existe rotina, tranquilidade e gentileza no convívio diário com as pessoas.

Uma pessoa qualificada para o trabalho se movimenta silenciosamente entre os animais, evita movimentos bruscos ou barulhos altos e mantêm postura sempre alerta para a identificação de atitudes que fujam de um padrão normal, indicando problemas de saúde, desconforto ou medo. A aproximação não promove reações bruscas ou fuga do animal e, na realidade, homens e mulheres que agem de maneira adequada passam a 'fazer parte do rebanho' e são aceitos sem restrições.

Com posturas inadequadas, se percebe reação adversa dos bovinos e desconforto na presença de humanos, fatos que indicam maus tratos, comportamento ríspido, gritos e outras atitudes inconvenientes de quem trabalha com o rebanho.

Interesse, poder de observação, cuidados com higiene e também instinto maternal foram argumentos usados para justificar os resultados mais significativos obtidos por mulheres que cuidavam de bezerros recém-nascidos em estudos realizados em inúmeras fazendas. Os resultados mostram que índices de mortalidade eram menores quando pessoas do sexo feminino ficavam encarregadas de alimentar, cuidar e fiscalizar os bezerreiros, revelando assim a importância do trabalho mais cuidadoso e dedicado para o sucesso do empreendimento. Existe também a percepção de que limpeza de equipamentos e execução de ordenha pode ser melhorada com a utilização de mulheres, mas homens com as atitudes corretas, também trabalham com sucesso em qualquer atividade.

Com paciência e cuidados, a adaptação das novilhas à rotina da ordenha pode preparar o animal para uma experiência totalmente desconhecida e estressante. Várias vezes, antes do parto, deve-se conduzir a novilha para dentro da sala de ordenha, enquanto o equipamento está ligado, passar a mão suavemente no úbere, nos tetos, nas pernas e falar gentilmente, mostrando que nada acontecerá.

Após o parto, para a primeira ordenha, não amarrar as pernas, pois a ação causa estresse, devendo-se trabalhar com movimentos suaves e calmos. Normalmente com esses cuidados, o animal poderá aceitar a ordenha sem o bezerro, não mostrará reações de medo e a descida do leite será normal. Esta ação, raramente utilizada, poderá revelar que estabelecendo uma interação amistosa com o animal, se consegue resultados muito favoráveis no manejo, com reflexos favoráveis na produção.

Nem todas as pessoas possuem personalidade adequada para manejar o rebanho, e é comum encontrar nas fazendas, práticas oriundas da lida com gado de corte como movimentação rápida, gritos e contenção violenta, todas inapropriadas ao manejo de animais especializados para leite. Por isso, treinamentos podem e devem ser feitos para difundir conceitos de comportamento animal, sinais visíveis de desconforto por doença ou estresse e reações que indiquem interação amigável e positiva entre o homem e o animal.

MÃO DE OBRA PARA FAZENDA DE LEITE

REVISTA BALDE BRANCO - Nº 542 - DEZEMBRO DE 2009

É bem provável que quase todos os proprietários de fazendas produtoras de leite considerem mão de obra como um dos principais entraves para o estabelecimento de uma atividade bem estruturada, produtiva e econômica. Com o desenvolvimento de unidades maiores e mais sofisticadas, existe uma preocupação muito grande com a capacitação de funcionários por meio de treinamento específico, bonificação por resultados obtidos e, sobretudo, motivação e estabelecimento de trabalho em equipe.

Artigos, palestras, livros e cursos são oferecidos aos donos de fazenda para que possam entender conceitos filosóficos, se adaptar e aplicar métodos para a obtenção de resultados, de forma que possam estar na propriedade sem se aborrecer com fatos inesperados e irritantes. Muitas vezes, as decepções estão relacionadas com irresponsabilidade, falta de comprometimento e desonestidade, razões muito fortes para desencadear desânimo.

Não é incomum produtores abandonarem a atividade argumentando que sempre ofereceram condições dignas de vida e trabalho e que, talvez, o problema esteja relacionado ao fato de os indivíduos mais capacitados irem trabalhar nas cidades e, somente os ineptos, permanecem no campo. A visão pouco favorável sobre a atuação do trabalhador rural não deve ser de todo inapropriada, porque vários técnicos estrangeiros de renome internacional que vieram ao Brasil observaram o mesmo em fazendas de elite visitadas. Confessaram, sem nenhum questionamento a respeito, que notaram problemas sérios na condução dos trabalhos e que tal fato comprometeria seriamente e eficiência do processo produtivo.

O problema não é mencionado para as grandes fazendas americanas apesar de, muitas vezes, empregarem hispânicos, que têm nível cultural não muito alto, desconhecem conceitos tecnológicos e são rotulados genericamente como preguiçosos. Na opinião de produtores americanos, os trabalhadores podem ser considerados bons, mas como é de se esperar, existe sempre necessidade de dispensar alguns que não se adaptam à rotina estabelecida. Como justificar as diferenças apontadas se vários trabalhadores são imigrantes, de regiões pouco desenvolvidas, e certamente, apresentam conhecimento cultural e atitudes semelhantes às de operários brasileiros?

A diferença fundamental se baseia no fato de que por lá sempre algum membro da família trabalha junto com o contratado, exercendo a mesma atividade, orientado, ensinando e, ao mesmo tempo, fiscalizando. Não existe naquelas condições a figura do dono que possui o negócio principal na cidade e deixa a condução da fazenda nas mãos de empregados.

As preocupações e os problemas apontados anteriormente inexistem também nas fazendas brasileiras em que o dono e sua família conduzem a atividade e são assistidos por técnicos sérios e eficientes em projetos de viabilização econômica da atividade. Quando o resultado auferido paga todas as despesas e a sobra é farta, o indivíduo aceita, procura e faz o impossível para manter a eficiência elevada, adota propostas tecnológicas e entende o significado real do trabalho sério e comprometido. Mesmo o produtor criado dentro de sistemas tradicionais de extrativismo, adota novos conceitos e procura, por iniciativa própria, o aprimoramento. Certamente, enfrenta dificuldades por decisões erradas, mas quando orientado, rapidamente muda a postura de trabalho. Existe um caso relevante, de um produtor analfabeto que procurou mudar por perceber que não poderia conduzir de maneira acertada uma atividade em crescimento, se estava incapacitado de controlar efetivamente o processo. Aprendeu a ler e a escrever, continua progredindo e está feliz.

A viabilização econômica do leite em fazendas familiares contribuirá para mudar conceitos tradicionais sobre a mão de obra do setor leiteiro e, como ocorreu no mundo civilizado, estará também preparando pessoas qualificadas para trabalho em grandes fazendas, porque labutando duro para prosperar, melhorar de vida e manter a produtividade elevada por meio de tecnologia, os indivíduos conseguem absorver o conceito correto do que é produção de leite. O pequeno produtor familiar, que usou a concepção tecnológica correta, poderá crescer ou mudar de atividade para se empregar nas grandes fazendas. Ele saberá então trabalhar com seu empregador ou usar o aprendizado para atuar em uma empresa. Este fato de grande significado não está sendo valorizado, mas deverá contribuir, e muito, para o desenvolvimento da pecuária leiteira do país.

CRESCIMENTO DA PRODUÇÃO: UM DESAFIO

REVISTA BALDE BRANCO - Nº 560 - JUNHO DE 2011

Aumentar a produção deve ser o foco do produtor. Isso porque, no mundo todo, de 85 a 95% da renda de uma fazenda leiteira é proveniente da venda do leite, e a renda é fundamental para o pagamento dos custos de produção, para a remuneração do capital e para a garantia de sobras, a fim de que o negócio seja atraente.

O desenvolvimento da pecuária leiteira em regiões evoluídas revelou que, com o correr dos anos, houve aumento no número de matrizes por propriedade e na produção por vaca do rebanho, trazendo como consequência elevação significativa na produção das fazendas e dos países. Para se ter uma ideia mais concreta da tendência, basta observar que, entre 1970 e 2006, nos Estados Unidos, o maior produtor mundial de leite, o número médio de vacas por propriedade passou de 19 para 120, a produção por vaca do rebanho por ano aumentou de 4.426 litros para 9.057 litros e a produção diária média por fazenda foi elevada de 230 litros para 2.977 litros, indicando evolução significativa.

Mudanças na estrutura produtiva de fazendas leiteiras são geralmente feitas de maneira gradativa, porque requerem adequação ao trabalho, que passa a ser mais intenso e, em alguns casos, complexo. Fazendas pequenas, com poucas vacas e produção diária baixa, são fáceis de serem conduzidas, porque os problemas são facilmente detectados e a mão de obra atuante é geralmente familiar e, portanto, mais comprometida com os resultados.

Com o crescimento, aparece a necessidade de se contar com conceitos mais sólidos de administração financeira, distribuição de serviços rotineiros, aproveitamento mais racional do tempo e, acima de tudo, planejamento do sistema com base em conceitos técnicos bem fundamentados.

A rotina de trabalhos precisa ser adaptada à nova demanda de tempo adicional para cada atividade e, para tanto, se torna importante a disposição para análise e abertura a mudanças conceituais. Por exemplo, a ordenha manual com o bezerro ao pé, uma atividade quase generalizada no Brasil, não interfere muito com a ordenha de 19 vacas, mas promoveria caos quando 120 matrizes fossem ordenhadas mecanicamente.

O resultado da divisão do plantel em vários lotes de animais visando à distribuição de misturas diferenciadas de concentrado para rebanhos grandes, certamente, não compensa a demanda extra de trabalho e tempo. O pastejo rotacionado com um só grupo de animais, em vez de subdivisão em lotes, contribui para economizar tempo, facilitar o trabalho de preparo de piquetes, uniformizar o estande de plantas após o pastejo, as adubações, a irrigação, e também, a distribuição de água para os animais, sem alterar significativamente a produção, se a oferta de alimento for adequada para o grupo que pasteja.

Com a ampliação da estrutura produtiva surgem tentações de diferentes naturezas que poderão influenciar o desempenho da atividade. A primeira diz respeito à contratação de mão de obra porque, o trabalho adicional mais intenso, pode se tornar um fator limitante, mas a medida pode afetar a economia do processo se o aumento de produção não for suficiente para cobrir as despesas adicionais.

Nesse caso, devem ser feitas análises a fim de quantificar o volume de leite necessário para pagar o salário e os encargos sociais, e também, visando à estabelecer critérios de avaliação do impacto do trabalho contratado sobre a produção e a produtividade. Estudos norte-americanos da década de 1970, quando mudanças estruturais dos rebanhos começaram a se tornar evidentes, revelaram que apareceram problemas de mortalidade de bezerros, elevação no índice de mastite e piora na reprodução, indicando que o preparo e o comprometimento dos funcionários são fatores muito importantes para a manutenção de condições favoráveis ao sucesso.

A ampliação do rebanho exigirá investimentos adicionais em animais e mecanização, e a elevação da produtividade e da renda poderão contribuir para outras tentações que levarão a decisões equivocadas, se não for realizado um estudo mais detalhado do investimento. Por exemplo, a aquisição de novilhas para aumentar o rebanho promove elevação nos custos operacionais sem alterar a renda e, assim, o fluxo de caixa pode ficar comprometido.

A compra de máquinas e implementos, além da necessidade, sem análise do custo:benefício, por conta do poder de persuasão dos vendedores, pode não ser um bom negócio. Técnicos do exterior que visitam o país se mostram surpresos com a inadequação das máquinas e dos equipamentos ao tamanho da operação instalada nas fazendas brasileiras, revelando um problema conceitual grave, que pode afetar a economia.

Nem sempre o crescimento resulta em sucesso. Não é válida a ideia de que a escala de produção, que em nosso meio significa de produção elevada, seja garantia de resultados satisfatórios, visto que inúmeras fazendas consideradas grandes liquidaram os seus planteis. Sem tecnologia, racionalização e planejamento, o crescimento pode se transformar num problema.

ENTRAVES NA PRODUÇÃO DE LEITE

REVISTA BALDE BRANCO - Nº 577 - NOVEMBRO DE 2012

Quando se discute problemas relacionados com a pecuária leiteira, com certeza, ganham destaque o preço pago ao produtor, a falta de política definida para o setor e a capacitação da mão de obra, pois, historicamente, esses fatores têm sido apontados como pontos de estrangulamento no desenvolvimento do setor.

O preço, independentemente do valor atribuído, com frequência é considerado como o mais significativo, visto que interfere decisivamente na economia, apesar de existirem estudos mostrando que isoladamente não justifica sucesso ou fracasso na tarefa de produzir leite porque, apesar de importante, é apenas uma das variáveis componentes da equação de resultado.

A mística do preço surgiu na época do tabelamento e negociação, pois as estimativas não realistas sempre apontavam prejuízo na atividade, criando a expectativa da necessidade de um valor sempre maior e considerado justo. Com frequência, a tradição de atribuir ao governo a tarefa de colaborar por meio de políticas de apoio, como crédito subsidiado, restrições à concorrência externa e estabelecimento de preço mínimo, promove frustração, porque as reivindicações não são atendidas no momento da queixa, apesar de terem sido implementadas no passado, sem resultados palpáveis.

A política de tabelamento era, na realidade, de estabelecimento de preço mínimo, porque não era permitido pagar menos que o valor determinado, e os programas de crédito subsidiado foram instituídos no passado, por meio de empréstimos de longo prazo com juros muito abaixo dos praticados pelo mercado. Políticas de restrição à importação de produtos lácteos acontecem de tempos em tempos, quando os preços externos são competitivos e se repetem ao longo do tempo.

A mão de obra contratada, que pode realmente ser considerada restritiva, não recebe destaque nas regiões de pecuária de leite evoluída, porque o trabalho é executado pelo dono e seus familiares, sendo a atividade profissionalizada de maneira a que a fazenda é a fonte de renda da família. O que se comenta com frequência é a capacitação para conduzir a atividade sob o ponto de vista do manejo do rebanho, planejamento e gerenciamento.

Nas grandes fazendas que contratam funcionários para viabilizar a operação, os proprietários continuam trabalhando e, assim, exercem um controle efetivo e avaliam com propriedade, o que está acontecendo, pois sabem como e porque a atividade deve ser executada.

Um produtor americano, que visitou o nosso país, relatou que em sua fazenda de 600 vacas leiteiras não tinha problemas com funcionários contratados, porque nunca a ordenha ou a rotina de alimentação eram executadas sem a presença de um dos membros da família, que também participavam das atividades. Além disso, a responsabilidade pelo controle da reprodução e por outros fatores essenciais para a atividade era sempre compartilhada com os membros da família.

No Brasil, como em outros países de pecuária leiteira pouco desenvolvida, o modelo predominante depende de trabalho contratado para todas as atividades, e o dono, mesmo morando na fazenda, somente supervisiona os acontecimentos. O problema é real porque, geralmente, o nível de escolaridade do funcionário é muito baixo, falta capacitação para a execução de atividades importantes como ordenha, detecção de cio, preparo e distribuição de alimentos, e também para a caracterização e solução de problemas, apesar da vivência em fazendas.

Atualmente, a escassez de mão de obra, por conta do intenso êxodo rural, acrescenta mais uma dificuldade para as fazendas leiteiras e, assim, a seleção passa a ser menos rigorosa e os problemas se intensificam. Erros conceituais na execução de trabalhos importantes são detectados com frequência, indicando que a delegação de autonomia para funcionários sem conhecimento técnico do que executam, pode levar à dificuldades, às vezes, intransponíveis.

O pagamento da mão de obra é o grande desafio do produtor porque representa uma parcela considerável do custo operacional (12 a 20%). Argumenta-se, que os salários no meio rural são elevados e que a atividade, considerada como problemática, tem de carregar um ônus muito grande. Nesta percepção, não se considera a capacidade de geração de renda pelo trabalhador, visto que a produção de leite por unidade de mão de obra empregada é muito baixa no Brasil.

Este é um fator restritivo e determinado, entre outras coisas, por deficiências no manejo, estruturação inadequada do rebanho e uso de matrizes desqualificadas. Quando a produção por funcionário é, por exemplo, de 5.000 litros por dia, como acontece em fazendas especializadas do exterior, os funcionários podem receber salários acima de US$ 2,000.00* por mês, o que representa somente de 8 a 10% do custo operacional. Uma mudança de conceito sobre produção de leite, considerando a produção por funcionário, poderá contribuir para minimizar o problema do custo da mão de obra, mas para tanto, há necessidade de intensificação da fazenda.

PRODUTIVIDADE DA MÃO DE OBRA

REVISTA BALDE BRANCO - Nº 590 - DEZEMBRO DE 2013

Produtividade é a relação entre a produção e o fator de produção. Para o caso da mão de obra utilizada na atividade leiteira é definida como a relação entre quantidade de leite produzido e o número de pessoas envolvidas na condução do sistema de produção, caracterizando o índice 'litros por Homem por dia'.

A produtividade é geralmente usada para avaliar o nível de eficácia e eficiência das pessoas encarregadas da execução dos trabalhos, ou seja, a capacidade de alcançar os resultados pretendidos com os recursos disponíveis e da melhor maneira possível.

Assim, seria esperado que quanto maior a produção de leite por Homem por dia, mais efetiva, consciente, comprometida e acertada seria a atuação dos trabalhadores, provavelmente capacitados para o trabalho por meio de treinamento específico, bonificação por resultados obtidos e, sobretudo, motivação e trabalho em equipe.

Entretanto, a produção de leite que faz parte do cálculo do índice não está

* Dólar em 01.11.2012 cotado a R$ 2,0306.

na dependência única da qualidade do trabalho das pessoas encarregadas de executar o manejo do rebanho, pois é fortemente influenciada pela qualidade das matrizes, estrutura do rebanho e pelo uso intensificado do solo para garantir produção de alimento e manutenção de grande contingente de animais produtivos na propriedade.

Também interfere a complexidade do trabalho rotineiro exigindo tempo e esforço em graus diferenciados, nível de mecanização e, no caso brasileiro, até a legislação trabalhista, que é inadequada para o meio rural, requerendo um contingente maior de pessoas para a execução do trabalho, considerando que a atividade se desenvolve durante os 365 dias do ano, muitas vezes, em horários não convencionais.

Na realidade, o índice 'litros por Homem por dia' é um reflexo de como é estruturado e conduzido o sistema de produção. No Brasil, as estimativas mostram valores normalmente menores que 200 litros por Homem por dia, indicando que com pequena porcentagem de vacas no rebanho e em lactação, matrizes sem persistência de produção e lotação baixa, as fazendas têm potencial produtivo reduzido.

O fato é agravado pela diversidade de atividades manuais a serem executadas na rotina diária, pelo uso de instalações pouco funcionais e, em alguns casos, pelo desenvolvimento de trabalhos desnecessários. Por exemplo, a opção pelo uso da cana-de-açúcar com corte manual exige, além da colheita, despalha, carregamento, transporte, descarregamento, moagem e distribuição manual no cocho, um trabalho muito intenso quando o número de animais a serem alimentados é ampliado.

Os estábulos convencionais típicos da época áurea do leite tipo B são pouco funcionais, pois exigem contenção de cada animal num mesmo ponto duas vezes por dia, distribuição manual de alimentos e, com frequência, ordenha com balde ao pé. Trabalhos desnecessários e prejudiciais, que tomam tempo e exigem mão de obra, são comuns nas fazendas leiteiras, como lavagem de úberes e estábulos, colocação de água no cocho de ração, moagem de feno, aleitamento artificial prolongado, colocação de peia em vacas na sala de ordenha, entre outros.

Racionalização do manejo e do trabalho, mecanização, estruturação do rebanho, intensificação da produção e uso de instalações funcionais criam condições para se obter valores elevados na quantidade de leite por Homem por dia nas fazendas, fato que contribui para reduzir o peso da mão de obra sobre os custos de produção.

Em algumas fazendas de regiões de pecuária evoluída é possível encontrar propriedades apresentando até 5.000 litros por Homem por dia, indicando uma ação efetiva da mão de obra em sistemas de produção muito bem estruturados e conduzidos.

Três fazendas de produção de leite de um mesmo dono, estabelecidas em sistemas de pasto irrigado com pivô central, no sul dos Estados Unidos, ordenham, em cada uma delas, 600 vacas com uma força de trabalho composta por quatro pessoas por fazenda, que se encarregam de todas as atividades, como ordenha, aleitamento de bezerros, inseminação artificial, diagnóstico de prenhez, adubação dos pastos, tratamento de doenças e ferimentos, etc. Como a média das vacas em lactação é de 20 litros, a produção de leite por Homem por dia é de 3.000 litros.

Para alcançar os resultados mencionados, o produtor adaptou para sua fazenda a proposta de produção da Nova Zelândia, que se caracteriza por investimentos mínimos em construções e instalações; adota parição estacional, utiliza salas de ordenha que permitem ordenhar 600 vacas com dois homens em duas horas e meia, fornece leite para bezerros em aleitadores mecânicos, utiliza trabalho terceirizado, se for necessário, e tem como objetivo a produção de leite de alta qualidade.

São fazendas leiteiras que buscam soluções simples e econômicas para estabelecer um sistema de produção em que a estrutura permite racionalização do trabalho e economia de tempo e esforço, que, associados a um planejamento efetivo das atividades, maximizam o desempenho da mão de obra.